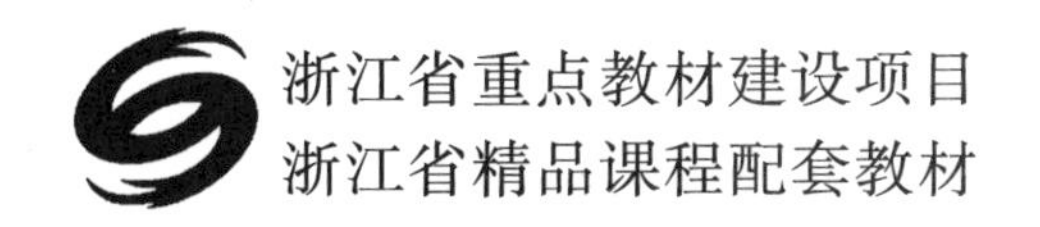

服装CAD项目实战引导

邢旭佳　编著

服装 CAD 概述/服装CAD制图
服装CAD结构变化/服装CAD样板处理
服装CAD放码/服装CAD排料
其他服装CAD 软件介绍/服装 CAD 输入输出

中国纺织出版社

内 容 提 要

本书在内容上采取了精练实战与拓展的统一，工具操作与项目实战的融合，具有较强的科学性和实战性，本书不仅对智尊宝纺 CAD 软件进行了深入细致的讲解，而且增加了极思、派特、日升等软件的操作讲解，使其增强了对市场的适应能力。另外，教材内容注重职业能力的培养，并配套有浙江省精品课程的网络教学资源，更便于读者学习与应用以及职业能力的提高。本书可作为大专院校服装设计类专业培养高等应用型、技能型人才的教学用书以及服装职业资格培训用书。

图书在版编目（CIP）数据

服装 CAD 项目实战引导 / 邢旭佳编著. —北京：中国纺织出版社，2012.6

ISBN 978-7-5064-8654-5

Ⅰ.①服… Ⅱ.①邢… Ⅲ.①服装设计—计算机辅助设计—AutoCAD 软件 Ⅳ.①TS941.26

中国版本图书馆 CIP 数据核字(2012)第 097174 号

策划编辑：华长印　责任编辑：宗　静　责任校对：王花妮
责任设计：何　建　责任印制：陈　涛

中国纺织出版社出版发行
地址：北京东直门南大街 6 号　邮政编码：100027
邮购电话：010—64168110　传真：010—64168231
http://www.c-textilep.com
E-mail:faxing @ c-textilep.com
三河市华丰印刷厂印刷　各地新华书店经销
2012 年 6 月第 1 版第 1 次印刷
开本：787×1092　1/16　印张：9.5
字数：164 千字　定价：29.80 元

前言

服装CAD是提高服装企业竞争力的一项新技术。随着我国经济飞速发展，国内服装CAD技术的开发和应用在近三十年发展很迅速，国内服装企业CAD技术的普及也日益提高。服装CAD软件知识和操作应用技术的传播，有助于更好地实现服装CAD的普及与应用。在我国东南沿海地区的服装制作大省，服装CAD技术的普及率已经比较高，服装CAD技术人员的素质和水平也较之以前有很大的提高，服装CAD技术已成为服装企业和技术人员不可或缺的技术工具。

服装CAD是快速实现服装结构处理的新技术，要使这一技术发挥好的功效，除了需要掌握服装CAD软件的功能和操作应用外，还要掌握数学、制板、人体工程学等方面的知识。本教材力求结合现代服装教学理念，注重知识、能力、素质协调发展。本书在知识体系上采取创新与实战的结合；在内容安排上采取由简单到复杂、由工具操作到项目实战的原则。全书贯穿"一条主线、两个辅助、三个结合"，即以智尊宝纺CAD系统的讲解为主线，以"其他软件的操作介绍、省精品课程网站资源"为辅助；注重"工具应用与项目实战相结合、教学内容与企业实际相结合、教学实例与技能考核相结合"。采用有代表性、经典的服装款式，依据服装企业产品开发的工作流程来安排教材内容，达到与企业开发零距离的效果。本书不仅对智尊宝纺CAD软件系统进行深入系统的研究讲解，而且把应用软件加以拓展，增加了对极思服装CAD、派特服装CAD、日升服装CAD软件的工具操作的介绍，使教材的使用范围得到扩展，也使读者能掌握更多服装CAD软件，增强对市场的适应能力，从而拓宽就业面。

本教材依托于"服装CAD"省级精品课程，得益于浙江省重点教材立项支持，由浙江省两所高校和一所国家级重点技工学校的优秀教师，经过精心筹划与通力合作完成的，相信会给广大读者献上一部专业技术含量高、内容丰富、操作性强的教材。

本教材第一章由高松编写，第六章由孙莉编写，其余部分由邢旭佳编写。全书由邢旭佳任主编，并负责统稿。

由于编者水平有限，且时间匆促，对书中的疏漏和欠妥之处，敬请业内专家、院校的师生和广大读者予以批评指正。

本教材在编写中得到了浙江省教育厅与温州职业技术学院教材立项资助。书中有少量的图片来自网络(由于联系方式不详,无法与作者联系,敬请谅解),在此一并表示深深的谢意。

邢旭佳

2012年5月1日　于温州

目录

第一章　服装 CAD 概述

本章要点

学习和掌握服装 CAD 的发展现状与趋势;服装 CAD 的特点和优越性;服装 CAD 各系统界面中各栏目、区域的功能。

本章难点

掌握服装 CAD 三个系统界面中各栏目名称和区域的功能。

学习方法

本章以理论讲授为主,读者可依据本章节的内容,结合网络资源和软件应用介绍进行学习。

第一节　服装 CAD 的发展现状与趋势

一、服装 CAD 的发展现状

(一)服装 CAD 简介

服装 CAD 全称是服装计算机辅助设计, CAD 是 Computer Aided Design 的缩写。

服装 CAD 于 20 世纪 60 年代初在美国发展起来,随着计算机技术以及网络技术的迅猛发展,服装 CAD 技术发展也很快,其在服装产业中的运用日益广泛。目前,欧美发达国家的服装企业 CAD 技术已基本普及。我国服装 CAD 技术的开发和应用已有三十多年,国内服装企业 CAD 技术的普及也日益提高,尤其是最近几年发展很迅速,在东南沿海的服装大省大中型服装企业,服装 CAD 技术已基本实现普及。

服装 CAD 覆盖服装设计的三个部分,即款式设计、结构设计和工艺设计,其中产品化系统有以下两部分。

1. 款式设计系统,如三维款式设计(图 1－1)、面料设计、三维服装仿真试衣(图 1－2)。

2. 样板设计系统,如样板结构设计系统(图 1－3)、(推码)放码系统(图 1－4)和排料系统(图 1－5)。

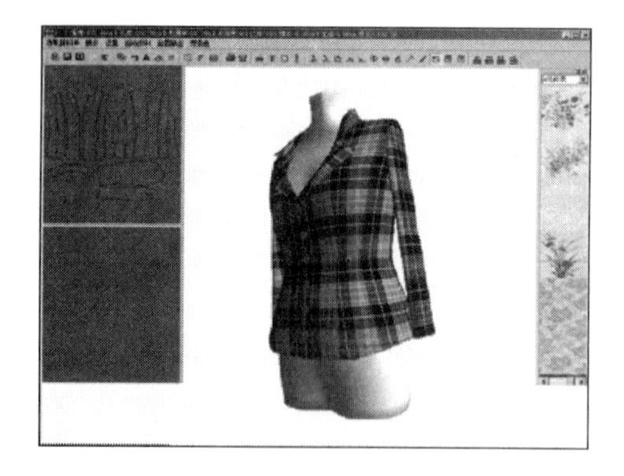

图 1－1

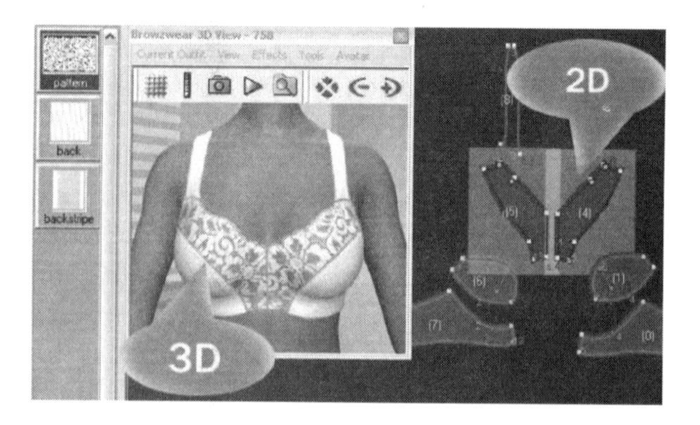

图 1－2

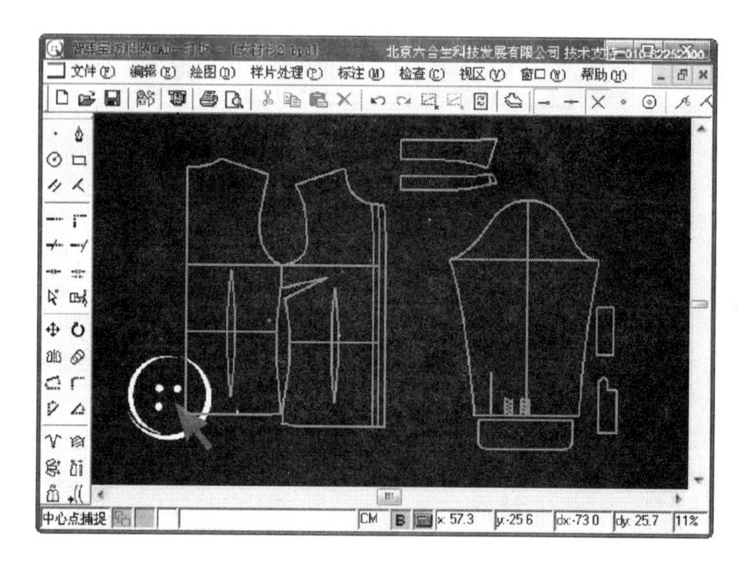

图 1－3

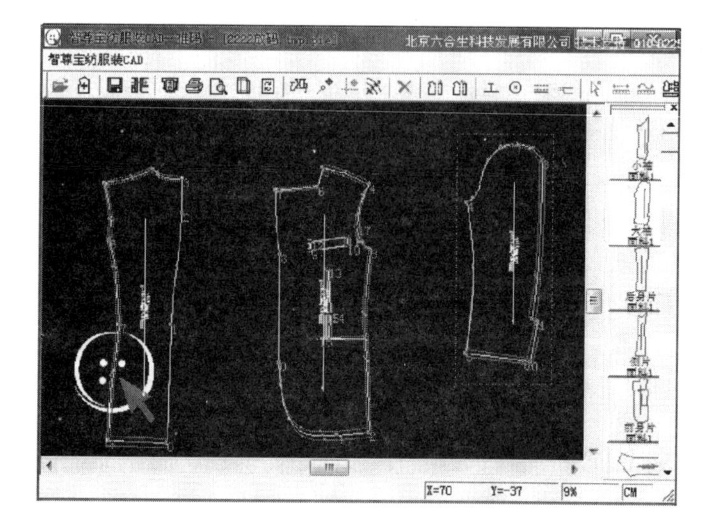

图 1－4

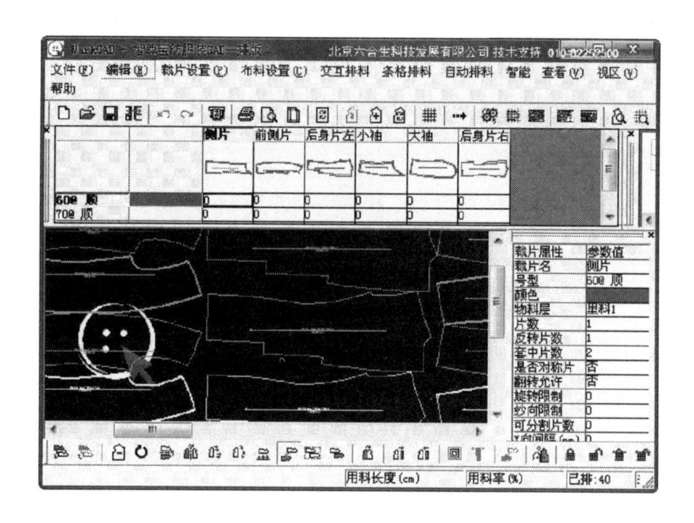

图1－5

(二)服装CAD的发展

服装CAD技术发展到现在已有五十多年的历史,由美国率先推出服装CAD之后,相继有法国、苏联、日本、西班牙、德国、英国、意大利、瑞士、中国内地、中国香港等国家和地区先后也研制和开发出服装CAD系统。进入20世纪90年代后,服装CAD系统的范畴和功能日趋完善,根据服装工业的特点,逐渐由服装款式设计系统、服装工艺CAD系统、三维服装CAD系统、量身定做系统和试衣系统,构成了完整的服装CAD。

最初主要是用于排料,显示衣片的排列和裁剪规律,此项应用能最大限度地提高面料的利用率。随着CAD/CAM系统应用的不断扩大,放码作为CAD/CAM系统的第二功能开始出现,这一功能可以节省大量时间。纺织和服装行业的设计师们对计算机在图形处理方面的强大功能认识得比较晚。直到20世纪80年代末,美国CDI公司的设计系统才首次作为服装设计系统投放市场。

(三)国内外服装CAD系统简介

到目前为止,我国服装加工企业和服装院校使用的国内外服装CAD系统来自三十多家的制造厂商,其中影响较大的国外公司有美国的格柏(GERBER)公司、法国的力克(LECTRA)公司、西班牙的艾维(INVESTRONICA)公司、美国的PGM公司、德国的艾斯特(ASSYST)公司等。

1. 美国格柏:美国格柏系统是国际领先的服装CAD/CAM系统之一,由款式设计系统(ARTWORKS)、纸样及推板排料系统(ACCUMARK)、全自动铺布机(SPREAD)、自动裁剪系统(GERBERCUT)、吊挂线系统(GERBERMOVER)、生产资料管理系统(PDU)等组成。

格柏先进的CAD/CAM系统在提高企业产品开发和生产的灵活性、提高生产力和效率以及提高产品质量稳定性等多个方面具有明显优势。它是软性材料制品工业自动化CAD/

CAM和PLM系统解决方案的世界领导者,为缝制品工业和软性材料业制造商开发、制造世界领导品牌的软件和硬件自动化集成系统。

2. 法国力克:法国力克系统总体水平较高,输入输出的质量、系统精度、可靠性及稳定性有很大的优势,是CAD/CAM的领导品牌。系统由款式设计系统(GRAPHIC INSTINCT)、纸样设计和推板系统(MODARIS)、交互式和智能型排料系统(DIAMINO)、资料管理系统(STYLE BINDER)、裁剪系统等组成。裁剪系统包括拉布(PROGRESS)、条格处理(MOSAIC)、裁片识别(POST PRINT)及裁剪(VECTOR)。

凭借多年的丰富经验,力克系统是市场上一家能够为所有使用软性材料的行业提供众多解决方案(软件、CAD/CAM设备和服务)的公司,且其产品和服务能够满足各个领域的具体需求。力克的各种产品和服务覆盖了其客户的整个发展过程和生产周期,从而能够帮助他们开发新产品、优化工作流程并提高生产率。

3. 西班牙艾维斯:西班牙艾维公司成立于1980年,主要生产服装CAD/CAM/CIM系列产品,主要产品有服装款式设计系统(INVESSTUDIO)、制板、推板、排料系统(INVESPLOT)、生产工艺管理系统(INVESSTUDIO)、自动裁剪系统(INVESCUT),自动吊挂运输线(INVESMOVE),机器人仓库管理系统(INVES T CAR),自动绘图机系列(INVESPLOT),纸样切割机系列(INVESCUTTING),其中服装CAD系统有五个功能:纸样设计模块(INVESDESIGNER)、修板及推板模块(PGS)、交互式及自动排板模块(MGS)、多媒体生产数据模块(INVES PM)和量身定做模块(INVES MTM)。

国内服装CAD出现在20世纪80年代末,从时间上看国内服装CAD落后了二十多年。然而尽管国内服装CAD软件(北京日升、北京航天、北京智尊宝纺、杭州爱科、深圳华怡的富怡、金合极思等)起步较晚,但在很多方面并不比国外软件差,甚至在某些方面(譬如打板方面)更符合国内服装企业和打板师的需求。随着服装CAD软件市场竞争越来越激烈,迫使国内外服装CAD软件价格一路走低,目前国内服装CAD软件的价格已经能为一般的服装企业所接受,这一点有利于服装CAD技术的普及。

二、服装CAD的发展趋势

(一)三维立体化

迄今为止,实用的商品化服装CAD系统都是以平面图形学原理为基础的,无论是款式设计、样片设计还是试衣系统,其中的基本数学模型都是平面二维模型。而服装是柔性的,它会随着人体的运动不断变化。服装CAD在实现从二维到三维的转化过程中,如何解决织物质感和动感的表现、三维重建、逼真灵活的曲面造型等问题,是三维CAD走向实用化、商品化的关键所在。目前,许多服装CAD方面的专家学者及生产商都在致力于这一领域的研究,并已取得初步进展,实现了仿三维CAD设计,但是离达到真实、理想的视觉效果,还有较大距离。

(二)智能化与自动化

早期的服装CAD系统只是简单地用鼠标、键盘和显示器等现代工具代替了传统的纸和笔。随着CAD用户群的扩大和计算机技术的迅速发展,开发智能化专家系统成为CAD新的发展方向。利用人工智能技术开发服装智能化系统(数据库),可以帮助服装设计师构思和设计新颖的服装款式,完成款式到服装样片的自动生成设计,降低操作难度,提高系统性能,从而提高设计与工艺的水平,缩短生产周期,降低成本。

(三)集成化

由于计算机网络通讯技术飞速发展,服装CAD的领域不断扩大,原来自成一体的系统正向CIMS(计算机集成制造系统)方面发展。CIMS是指在信息技术、工艺理论、计算机技术和现代化管理科学的基础上,通过新的生产管理模式、计算机网络和数据库,把信息、计划、设计、制造、管理经营等各个环节有机集成起来,根据多变的市场需求,使产品从设计、加工、管理到投放市场等各方面所需的工作量降到最低限度。进而充分发挥企业综合优势,提高企业对市场的快速反应能力和经济效益。CIMS正成为未来服装企业的模式,是服装CAD系统发展的一个必然趋势。

(四)网络化

服装的流行周期越来越短,快速反应机制是当今企业在激烈竞争中能否胜出的一大关键。而服装厂在接订单、原料、设计、工艺到生产过程中的网络化已成为企业在市场运作中必不可少的快速反应手段。近几年来随着国际互联网的高速发展,一个现代服装企业的CIMS已成为国际信息高速公路上的一个网点,其产品信息可以在几秒之内传输到世界各地。随着专业化、全球化生产经营模式的发展,企业对异地协同设计、制造的需求也将越来越明显。21世纪是网络的时代,基于网络的辅助设计系统可以充分利用网络以保证数据的集中、统一和共享,实现产品的异地设计和并行工程。建立开放式、分布式的工作站网络环境下的CAD系统将成为网络时代服装CAD发展的重要趋势。

第二节 服装CAD的特点和优越性

服装设计传统上为手工操作,效率低,重复工作量大;而CAD借助于计算机的高速计算及储存量大等优点,使设计效率大幅度提高。具有关的数据统计和企业的应用调查显示,使用服装CAD可以比手工操作提高效率20倍。与手工操作对照,服装CAD具备以下四方面的特点和优越性。

一、便于管理

服装CAD所形成的文件保存在计算机的数据硬盘中,可供随时调用,方便样板管理与查找,不占用空间,样板不易丢失、损坏、变形,还可反复修改,变换颜色、花型等;用计算机与绘图机、切割机相连,可绘出精确、规范、整洁的样板和排料图。

二、提高效率

服装 CAD 反应速度快,能适应少批量、多品种、变化快的设计需要和市场需求。下面以放码系统和排料系统具体说明服装 CAD 所带来的效率。放码系统:无须对每一个放码点逐一进行放码,只要给出放码数据,通过放码系统瞬间即可完成,与手工操作比较可提高效率几十倍。排料系统:操作方便,效果直观,既省时省力,又能避免手工操作中出现的误差和漏排,并能提高面料的利用率。

三、降低成本

服装 CAD 技术的应用减少了服装企业的人工费(服装 CAD 技术提高了企业的生产效率),减少了服装企业的材料费(服装 CAD 技术的无纸化虚拟设计),节约服装企业的面辅料(服装 CAD 技术提高了排料的利用率)。

四、提高产品的质量

服装 CAD 技术的应用提高了服装产品的质量,服装 CAD 的绘图精确度很高,设计可控精制在 0.01mm,绘图精确度可控制在 0.2mm 以内。

第三节　服装 CAD 软件安装及界面介绍

目前在我国温州服装 CAD 软件的普及率已经较高,但由于服装 CAD 软件品种的多样性,加上还没有出现具有大优势的服装 CAD 软件统一市场,决定的现今服装企业服装 CAD 软件的多样性,并且各品牌服装 CAD 都占有相应的市场份额。经调查,温州地区服装企业应用较多的服装 CAD 软件有格柏、力克、智尊宝纺、极思、日升等。格柏、力克服装 CAD 软件在中大型服装企业应用较多;智尊宝纺、极思、日升等服装 CAD 软件在中小型服装企业较为普及。

由于温州职业技术学院的服装设计专业培养的学生主要是面向温州中小型服装企业,从事服装款式设计、服装样板设计、成衣样品研制等工作的高素质、技术性的高技能专门人才。依据专业的培养目标和温州服装企业 CAD 软件应用实际,我们选择了智尊宝纺服装 CAD 软件作为教学软件。智尊宝纺服装 CAD 软件可在其官方网站 http://www. modacollege. com. cn/的下载选项下载得到,也可从浙江省精品课程《服装 CAD》网站 http://jp. wzvtc. net/wzcad 下载软件进行学习。

一、服装 CAD 软件安装

学习版服装 CAD 软件的安装比较简单,只要将光盘中的“智尊宝纺 CAD 学习版”文件夹打开，双击文件夹里的 Setup.exe 文件（图 1－6），然后根据提示即可完成软件的安装。安装完成后，桌面将出现三个快捷键图标，分别是智尊宝纺试用版打板快捷键（图 1－7）、智尊宝纺试用版放码快捷键（图 1－8）、智尊宝纺试用版排料快捷键（图 1－9）。

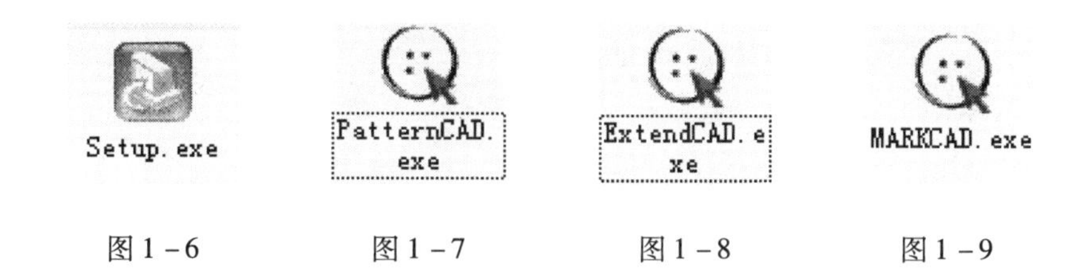

图 1－6　　图 1－7　　图 1－8　　图 1－9

二、打板软件的启动与设置

双击打开打板快捷键（图 1－7），点击 🗋 新建工具或“文件”菜单下的“新建”命令，在弹出系统单位设置对话框中，选择一个单位并确定。确定后弹出“号型设置对话框”（图 2－5），用户需根据要求输入号型和规格，确定后即可完成设置，进入打板界面（图 1－10）。

三、服装 CAD 软件系统界面介绍

（一）服装 CAD 打板系统界面介绍（图 1－10）

服装 CAD 打板系统界面包括标题栏（显示当前运行程序名及编辑的文件名）、菜单栏（排列显示系统功能菜单名）、工具栏（以图标形式排列显示功能键，包括标准工具栏、绘图工具栏等）、绘图区（用于打板制图的区域）、提示区（提示当前功能键的使用方法）、输入区（用于打板制图时，输入相应数据的区域）、光标指示栏（显示当前光标的坐标位置）等。

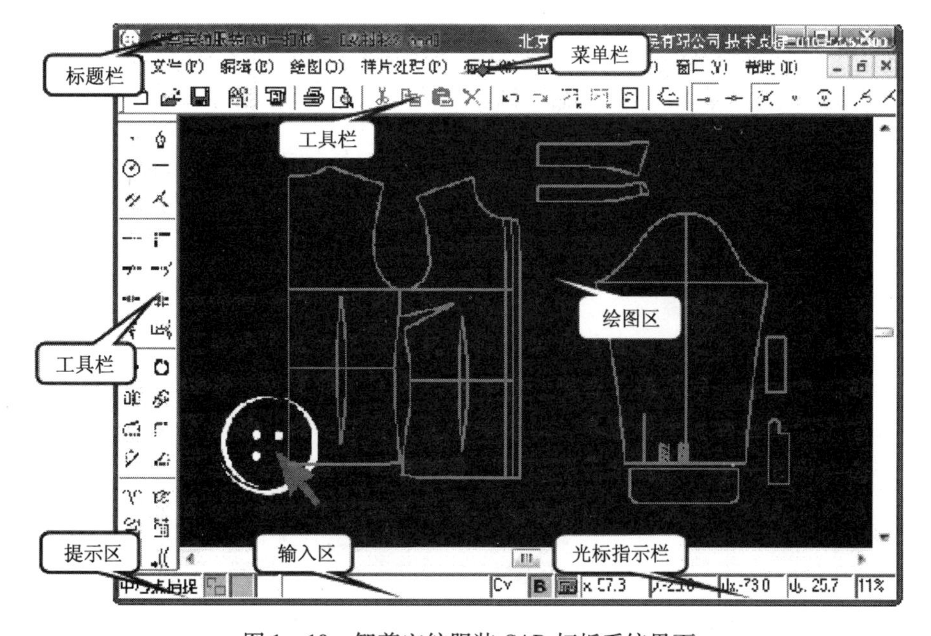

图 1－10　智尊宝纺服装 CAD 打板系统界面

(二)服装 CAD 纸样放码系统界面介绍(图 1－11)

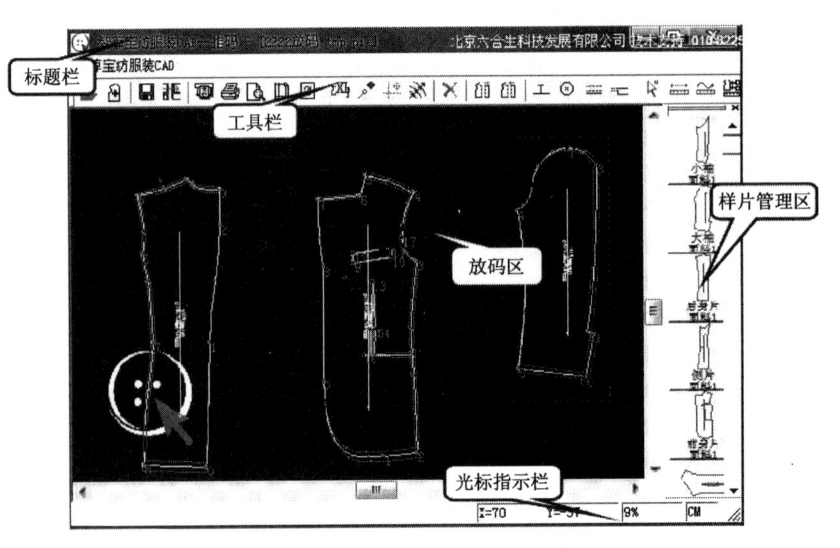

图 1－11　智尊宝纺服装 CAD 放码系统界面

服装 CAD 放码系统界面由标题栏、工具栏、放码区(用于样片放码的区域,黑色区域)、样片管理区(提示文件所包括的样片,控制样片是否在放码区显示)、光标指示栏等组成。

(三)服装 CAD 样片排料系统界面介绍(图 1－12)

服装 CAD 样片排料系统界面包括标题栏、菜单栏、工具栏、样片信息区(显示各号型对应样片种类的数量)、排料区(用于安排样片位置的区域)、提示区(提示当前功能键的使用方法,显示当前光标的坐标位置、用布率等)、面料信息区(显示所应用面料的门幅和特征以及排料的布边要求)等组成。

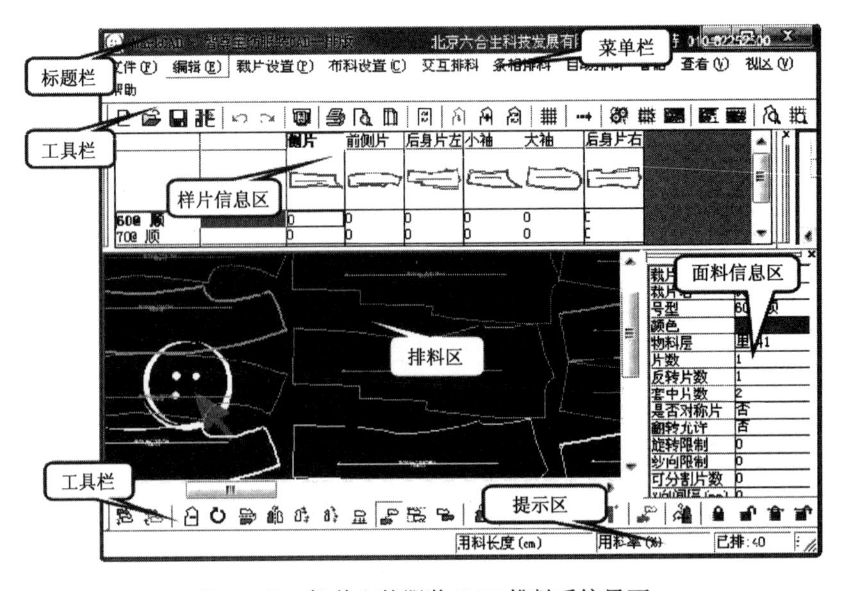

图 1－12　智尊宝纺服装 CAD 排料系统界面

上机实习

练习服装CAD软件的安装。

习题

1. 按自已的理解阐述服装CAD的发展趋势。
2. 服装CAD有哪些优越性?
3. 讲述服装CAD打板系统界面中各栏目或区域的功能。

第二章　服装 CAD 制图

本章要点

学习和掌握制图所需要的各工具的功能和操作方法，制图菜单中的基本制图命令。其中西裤 CAD 制图项目为温州市服装样板设计制作工（中级）职业技能考核—服装 CAD 部分的考核要求；衬衫 CAD 制图项目为温州市服装样板设计制作工（高级）职业技能考核—服装 CAD 部分的考核要求。

本章难点

智能笔工具的各种功能和操作方法，并能灵活应用。

学习方法

用户可依据本章节的内容进行学习和操作练习，如仍有不理解之处可以借助浙江省精品课程《服装 CAD》网站（http://jp.wzvtc.cn/wzcad）中的网络课堂的教学视频进行学习。

第一节　基础裙 CAD 制图

一、基础裙 CAD 制图要求

用服装 CAD 软件按照所给定的款式和数据进行基础裙制图，并保存制图结果。

1. 基础裙款式实物照片如图 2－1 所示。

2. 款式说明：基础裙前后片各有四个省，侧缝装拉链，无腰带。结构平面图如图 2－2 所示。

3. 基础裙（号型 160/66A）结构制图规格见表 2－1。

表 2－1　　单位：cm

部位	腰围	臀围	裙长
规格	68	92	56

4. 基础裙结构制图如图 2－3 所示（本书图中数据皆以 cm 为单位）。

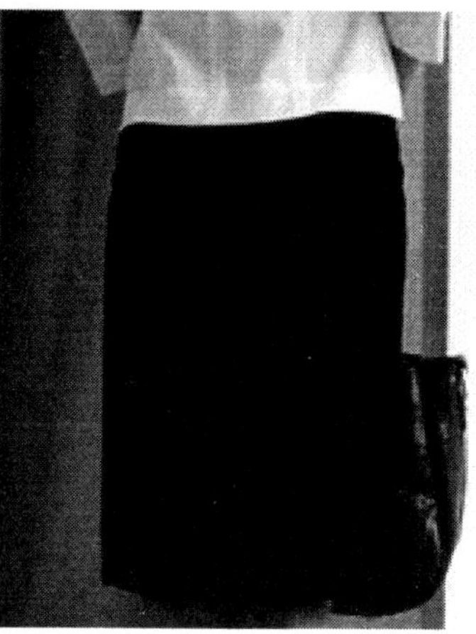

图 2－1

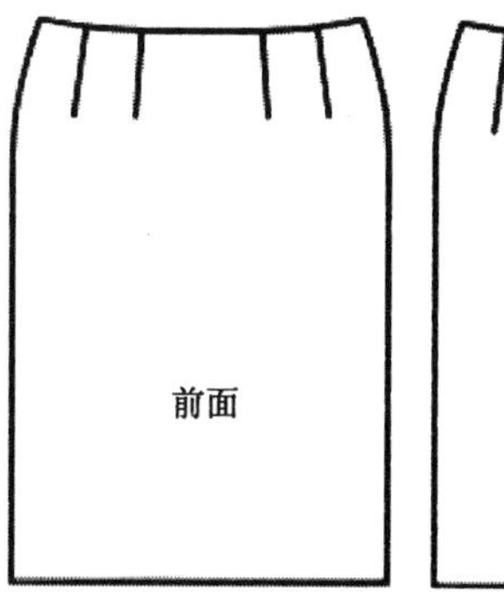

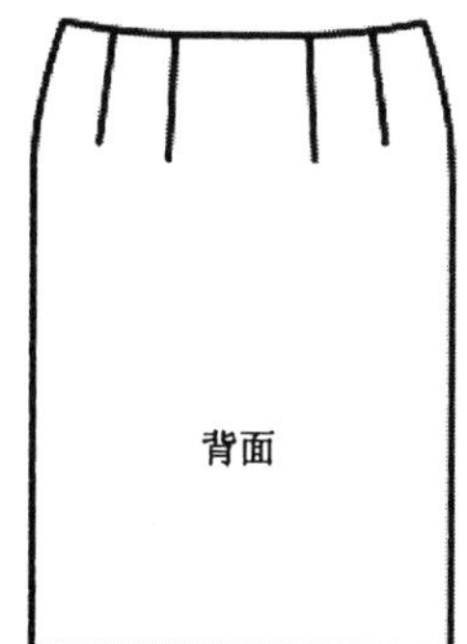

图 2－2

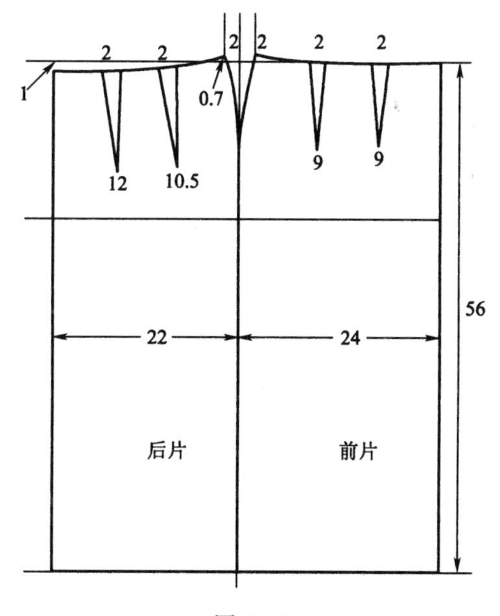

图 2－3

二、打板软件的启动与设置

双击打开打板软件快捷方式(图 1 - 7),点击 🗋 新建工具或“文件”菜单下的“新建”命令,选择厘米(cm)为默认单位并确定。然后会弹出“号型设置对话框”,如图 2 - 4 所示,用户需根据要求,在“自定义”后的空白框(如图 2 - 4 所示虚线框)中输入号型“160/66A”,并回车;然后在图 2 - 4 中实线框位置选择相应的规格名称;没有的规格名称,可以在图中的黑色区域输入,如输入“KFK 克夫宽”并回车(字母与中文之间用“空格”隔开)即可,操作结果如图 2 - 5 所示。然后依据制图的规格要求,在图 2 - 5 中虚线框的对应位置输入规格数据,并点选基本码,点击确定即可进入制板界面。

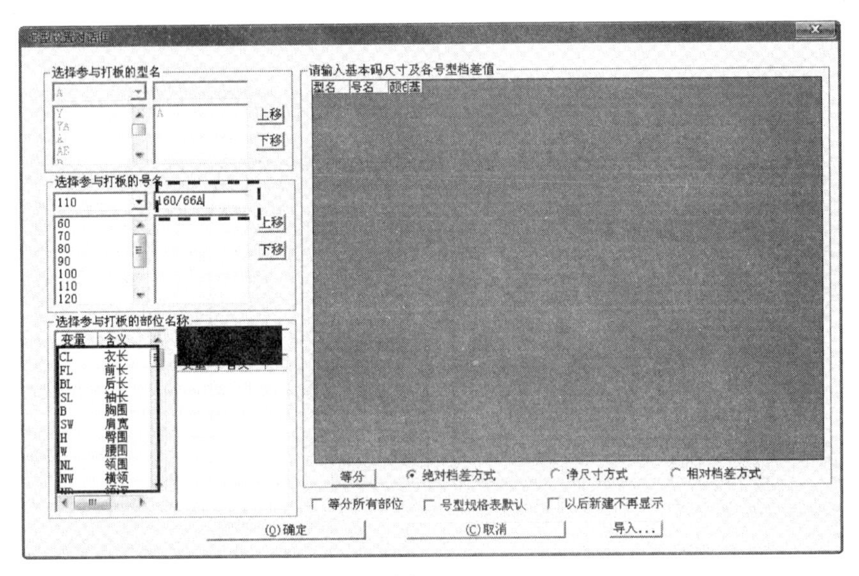

图 2 - 4

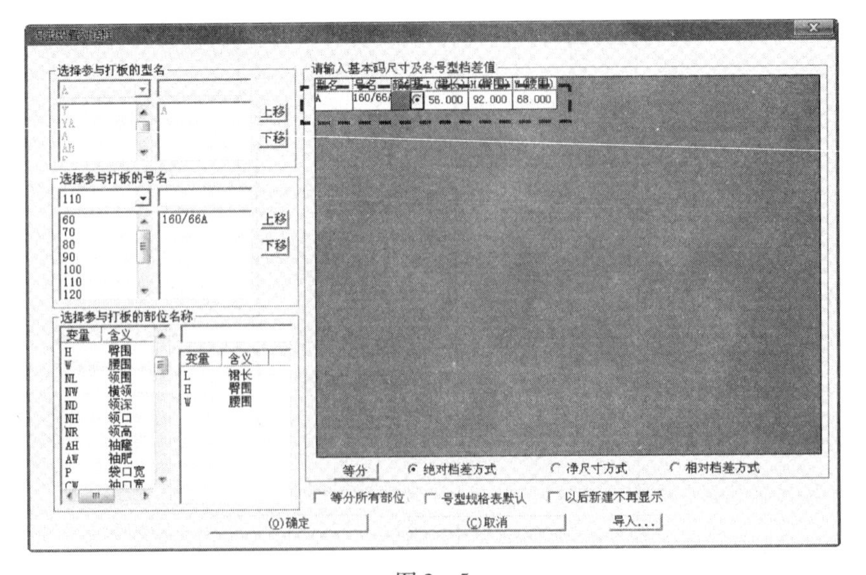

图 2 - 5

三、项目工具讲解

(一)本项目应用到的工具

1. 点捕捉功能键:F1(端点捕捉)、F2(中点捕捉)、F3(交叉点捕捉)、F9(定长点捕捉)、F10(比率点捕捉)、F11(相对点捕捉)等。

2. 绘图工具:智尊笔 、矩形 、平行线 、断开 、延长 、点移动 、垂线 、挖省 工具,选择操作和弯曲线段操作等。

(二)新工具讲解

本节所有工具皆为新工具。

1. 点捕捉功能键:用于在绘图操作中快速捕捉位置点。

(1)端点捕捉 :捕捉线条的端点和关键点,快捷键是 F1,该捕捉模式系统默认选中。

(2)中点捕捉 :捕捉线条的中点,快捷键是 F2。

(3)交叉点捕捉 :捕捉相交线条的交点,快捷键是 F3,该捕捉模式系统默认选中。

(4)定长点捕捉 :捕捉距离线条端点特定长度的位置点,快捷键是 F9。

(5)比率点捕捉 :按设定比率捕捉线条上的对应点,快捷键是 F10。

(6)相对点捕捉 :以参考点为基准按输入坐标,捕捉相对位置点,快捷键是 F11。

注意事项:点捕捉功能键不能单独使用,必须与其他制图工具结合使用。

2. 绘图工具:用于绘制线段、曲线、垂线等。

(1)智尊笔 (简称笔工具):可以完成所需线段或曲线的绘制。

①随意性线段或曲线的绘制:在操作界面的多处位置点击鼠标左键,即可绘制出曲线,右键击两次可以断开结束操作;左键第一个点后,由第二个点起先左键后右键交换操作,可绘制出多条线段,右键击两次可以断开结束操作。

②绘制定长距离的水平、竖直或正斜方向的线段:左键点击第一点后,将光标移向特定方向范围,输入线段长度数据,回车即可,右键点击可以断开结束操作。

③绘制相对位置确定的线段:左键点击第一点后,输入另一点的相对坐标,如“20,25”(数据之间以英文输入法的逗号隔开),回车即可,右键点击两次可以断开结束操作。

④与点捕捉功能键结合使用可以完成对起始点有要求的线条,具体在实例中讲解。

(2)矩形 :选好工具后,左键点击第一个点后,松开鼠标并移动,然后在另一个位置点击左键,即可得到矩形;如果要绘制特定大小的矩形,则选好工具后左键点击一个点,松开鼠标,然后在输入区输入矩形的长和宽的数值,例如“45,56”(数据之间以英文输入法的逗号隔开),回车即可。

(3)平行线 :选择工具后,左键点击平行对象,松开鼠标并移动,再次点击左键即可;如果画特定方向特定距离的平行线,则左键点击平行对象后,松开鼠标并选择移动方向(如向右移动),然后输入距离(如数据 10)后回车即可。

(4)断开 :选择工具后,左键点击操作对象,在需要断开的位置再次左键点击即可。也可选择多条相交的线后,右键点击结束,则所选择线条在相交点处都断开。

(5)延长 :选择工具后,左键点击操作对象的一端,然后移动鼠标至需要的位置后再次左键点击即可;如果要延长特定的数据长度,则左键点击操作对象的一端后,输入延长的数值(正值为延长,负值则缩短)后回车即可。

(6)点移动 :选择工具后,左键点击端点或关键点,松开后移动到需要位置再次左键点击即可确定移动操作;或输入相对坐标后回车。

(7)垂线 :选择工具后,左键点击要垂直的操作对象,松开鼠标并确定起始点位置(通常与点捕捉功能键配合使用),再次左键点击后移动鼠标,最后再输入垂线的长度数据并回车即可。

(8)挖省 :可完成省道的展开。选择工具后,按照提示左键单击省所在的外轮廓线,再左键单击省道的中心线,最后输入省量数值(如数值 2.5),回车即可。

(9)选择操作:选择笔 工具(或选择笔工具后在绘图区空白处点击右键,光标会显示为无工具状态),点击鼠标左键(不松开鼠标)拖动出一个区域来进行选择操作对象,拖动的方向不同会有不同的操作结果。操作时,由右下往左上拖动一个区域,那么只要碰触这一区域的所有线条都将被选中;而其他方向(如左上往右下)拖动所得的区域,只有线条整体都在区域内才能被选中。

(10)修改线段:可以用于线段弯曲和修改曲线。在笔 工具状态下在绘图区空白处单击右键,光标会显示为无工具的状态(也可选中“编辑”菜单下的“修改线条”命令),再对要弯曲的线段双击左键,然后左键单击线段上的任意一点并松开鼠标,移动鼠标到合适位置再次单击鼠标左键即可。如果修改曲线,则要对曲线双击左键,然后在曲线的节点上点击左键后松开,然后移动鼠标到合适位置再次单击鼠标左键即可;还可按一下键盘上的 Tab 键,然后通过控制曲线摇杆来调整弯曲程度。

四、项目操作步骤与图示

打开打板软件后,完成单位、号型和规格的设定,确定后进入打板软件界面,读者要熟记该软件界面的各个功能区域。

1. 选定端点捕捉 和交叉点捕捉 ,这两个选项一般系统会默认选中。然后选择矩形 工具,在绘图区点击左键后松开鼠标并移动,在输入区输入“46,56”后回车即可,操作结果如图 2-6 所示。

2. 选择平行线 工具,左键点击上平线,输入 17 并回车,绘制臀围线;然后左键点击左侧竖直线，输入 22 并回车，绘制侧缝基础线，操作结果如图 2－7 所示。

图 2－6

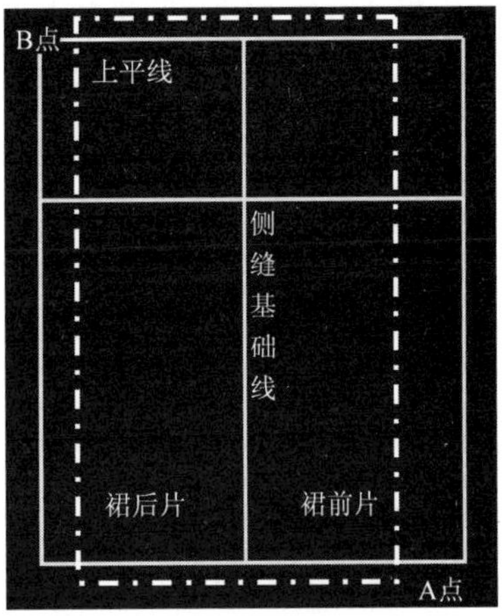

图 2－7

3. 选择断开工具，左键按住 A❶ 点（不松开鼠标），然后拖动鼠标至 B 点，拖出如图2－7 中的虚框，选择侧缝基础线及与之相交的其他三条水平线，然后右键点击结束；再次选择断开工具，左键点击侧缝基础线上半段，然后选择 F9，输入“5”并回车，将鼠标靠近臀围线上面的侧缝基础线（图 2－8 中的 A 点位置），再次左键点击即可，操作结果如图 2－8 所示。

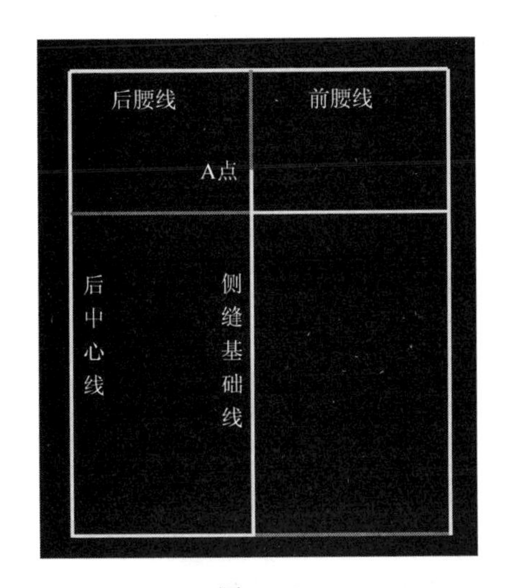

图 2－8

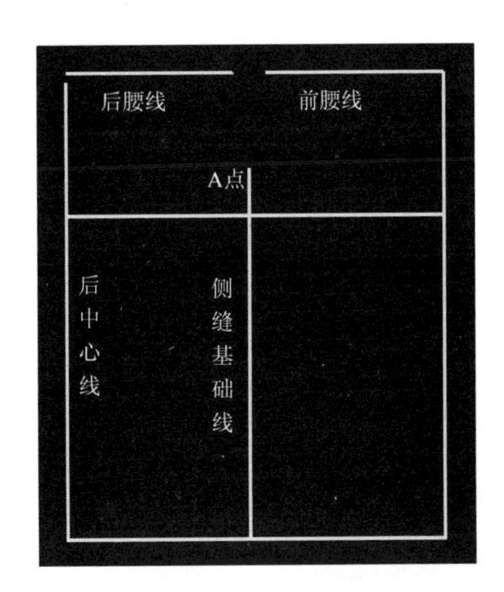

图 2－9

4. 选择延长工具，左键点击后中心线的上端点，输入“－1”并回车；左键点击后腰线右端，输入“－2”并回车；左键点击前腰线左端，输入“－2”并回车；将 A 点以上的线条选

❶ 变量应用斜体表示，由于软件中字母为正体，本书以软件显示为准，均用正体表示。

中并删除，操作结果如图 2-9 所示。

5. 选择点移动工具，按图 2-3 的数据要求，左键点击图 2-9 中后腰线左端点并移至后中线上端后再次左键点击；左键点击后腰线右端点，输入"0,0.7"并回车；左键点击前腰线左端点，输入"0,0.7"并回车；选择笔工具，使后腰线右端点及前腰线左端点与 A 点连接，操作结果如图 2-10 所示。

6. 选择笔工具后在空白处点击右键，然后在腰围线上双击，再左键点击腰围线的任意点并松开，移动鼠标调整曲度，再次左键点击；侧缝线上半段也用弯曲线段功能调圆顺，操作结果如图 2-11 所示。

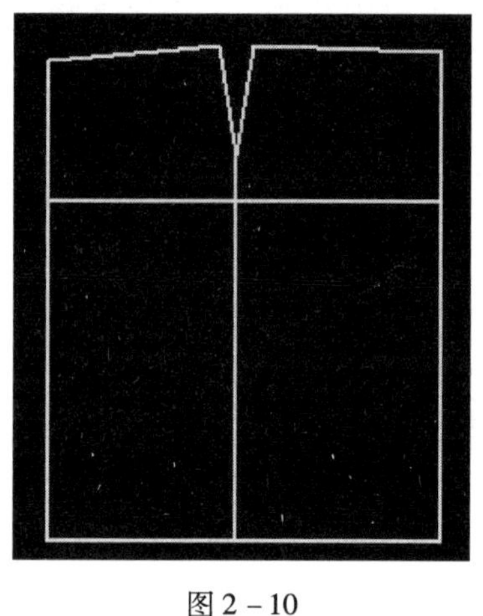
图 2-10

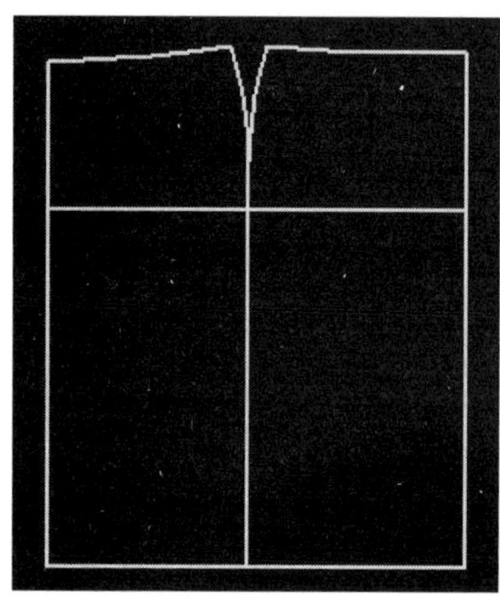
图 2-11

7. 绘制省位线：选择垂线工具并左键点击腰围线，再按 F10 键，然后输入"0.33"并回车，接着将鼠标移动到腰围线上，左键点击后向样片内移动，引出省位线，然后输入省长数据并回车。重复几次即能完成四个省位线的绘制，操作结果如图 2-12 所示。

8. 选择挖省工具，左键点击腰围线，然后左键省位线，输入"2"并回车。重复几次完成四个省的绘制，操作结果如图 2-13 所示。

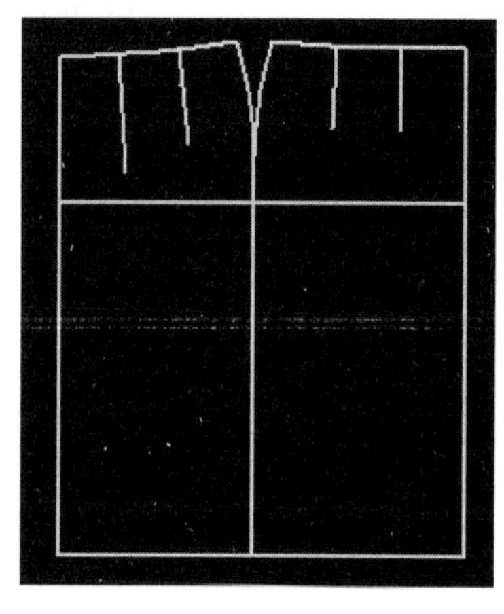
图 2-12

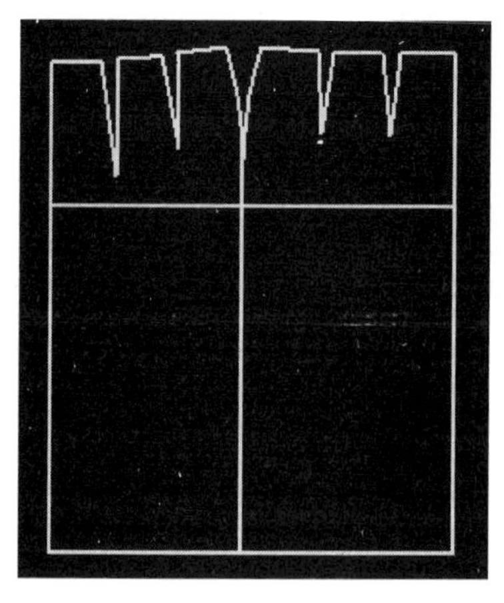
图 2-13

9. 完成后保存项目结果，点击保存工具，在对话框中选择保存路径并为文件取名，然后点击保存即可。

第二节 西裤 CAD 制图

一、西裤 CAD 制图要求

用服装 CAD 软件按照所给定的款式和数据进行西裤制图，并保存制图结果。因篇幅问题本节只讲述前后片的制图，零部件部分省略。本项目为温州市（中级）服装样板设计制作工职业技能考核—服装 CAD 部分的考核要求之一。

1. 西裤款式实物照片如图 2－14 所示。

2. 款式说明：此款为男西裤，前片左右各有一个省和一个活褶，侧缝处各有一个直插袋，前中装拉链；后片左右各有两个省和一个横直袋。西裤款式结构平面图如 2－15 图所示。

3. 西裤（号型 170/74A）结构制图规格见表 2－2。

表 2－2 单位：cm

部位	裤长	臀围	腰围	上裆（不包括腰宽）	脚口	腰头宽
规格	102	100	76	25	21	4

图 2－14

图 2－15

4. 西裤结构制图如图 2－16 所示。

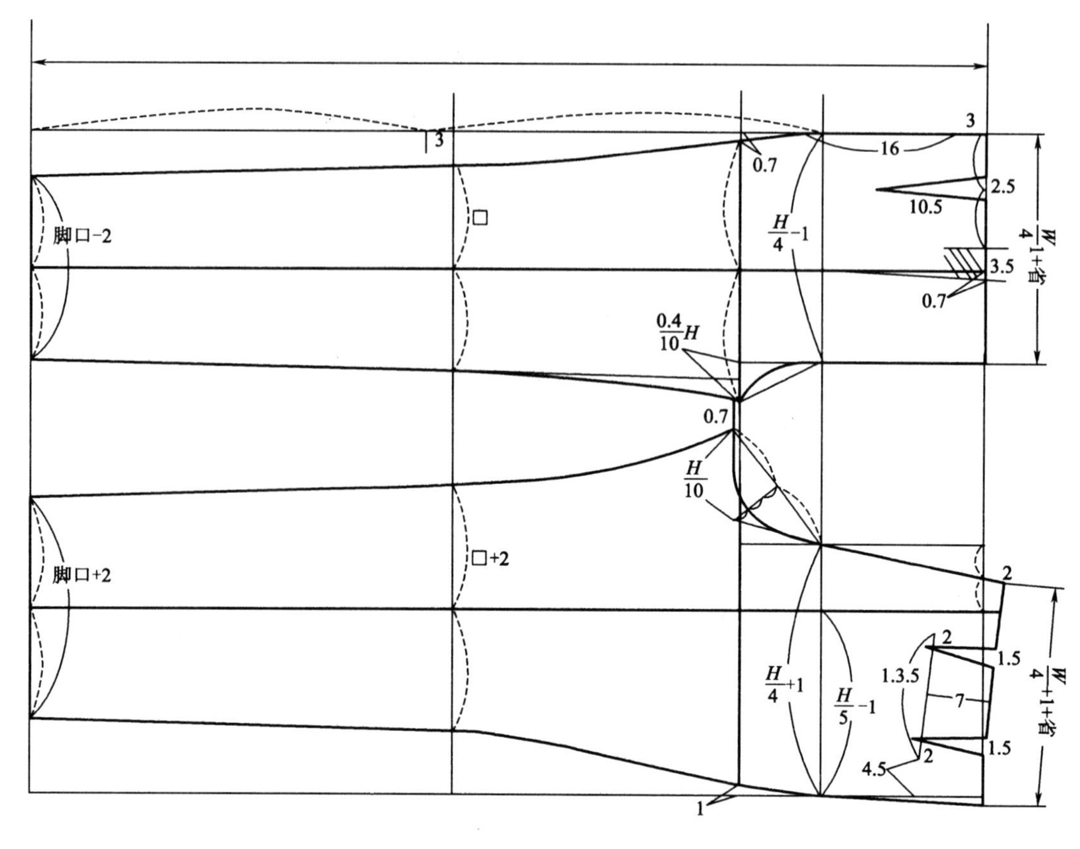

图 2 - 16

二、项目工具讲解

(一)本项目应用到的工具

1. 点捕捉功能键:F1、F2、F3、F9、F10、F11 等。

2. 绘图工具:智尊笔、矩形、平行线、断开、点移动、垂线、弯曲线段、开省、选择操作、移动、画圆、角连接、延长、延伸至、修剪工具。

(二)新工具讲解

本节的新工具有选择操作、移动 、画圆 、角连接 、修剪 工具和智尊笔工具的其他操作。

1. 移动 :选择工具后,选中要参与移动的对象后点击右键结束,再左键点击任意位置后松开鼠标,然后移动到需要的位置后再次点击左键即可(可以结合点捕捉功能键进行移动操作)。

2. 画圆 :选择工具后,点击左键并松开,然后移动鼠标到需要的位置后再次点击左

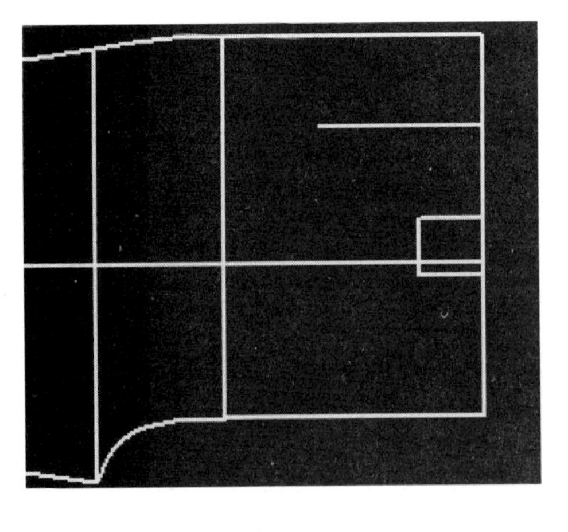

图 2-29

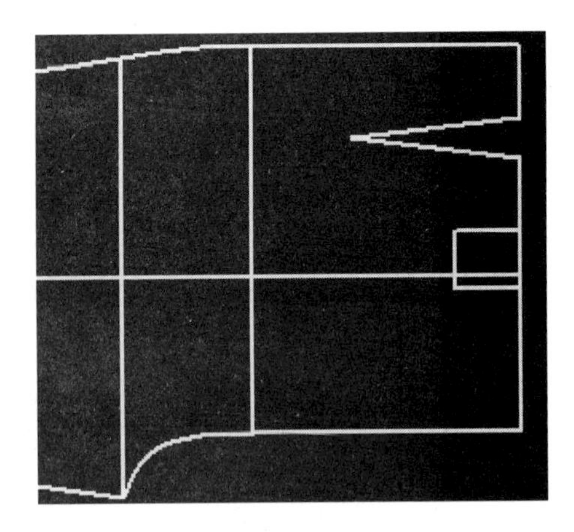

图 2-30

(10)前片总体效果如图 2-31 所示,保存制图结果。

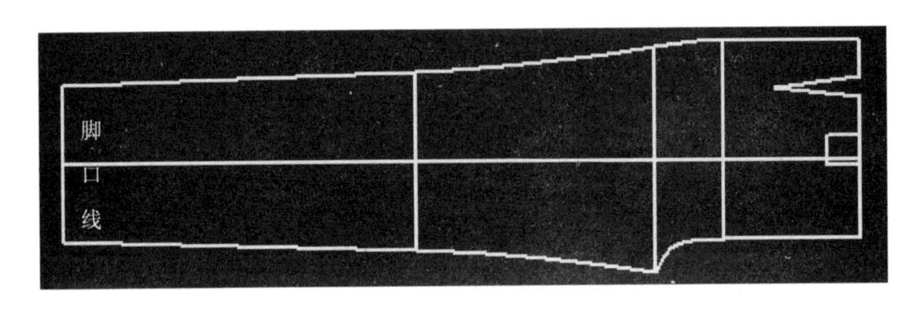

图 2-31

4. 绘制后裤片。

(1)选择笔工具,点击拖动并框选中后片下面最左侧的水平线,然后将鼠标移至该线上,点击左键后向上移动鼠标,输入“19”并回车;点击拖动并框选中刚绘制的线条,将鼠标移至该线的右端点(光标会显示为延长标志)并点击左键,移动鼠标至后片脚口线的端点,点击左键即可,该线为后片烫迹线,操作结果如图 2-32 所示。此步聚应用笔工具来实现平行线和延长工具的功能。

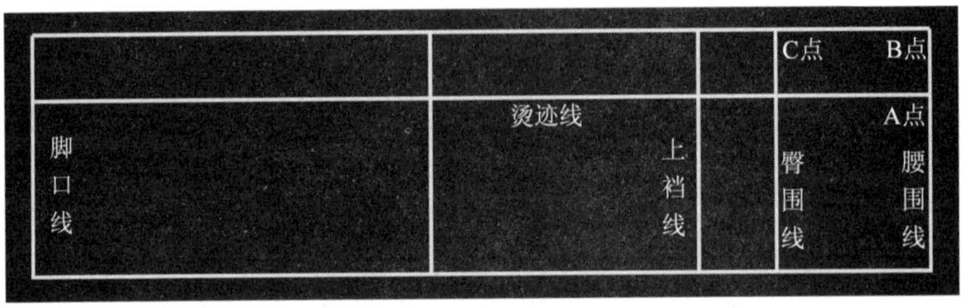

图 2-32

键;或者输入半径长度数据,然后回车。

3. 角连接 :选择工具后,点击左键选择两条相互成角但不相交的线条即可。

4. 修剪 :选择工具后,点击左键选择两条或更多条相交的线条,然后将鼠标移动到要修剪的线条上,再点击左键即可。

5. 延伸至 :选择工具后,左键点击一线条作为延长至的终点界面,然后右键点击,再移动鼠标至需延长的线条上点击左键即可。

6. 笔 工具操作:在不同的使用条件下可以实现不同的功能操作,熟练应用这些操作功能后可以大大加快制图的速度,步骤中应用时会有提示,读者也应尽量多使用新操作,以便尽早掌握。

(1)选择笔工具,然后双击鼠标左键,可以切换到矩形工具。

(2)选择笔工具,框选一段线条后,将鼠标靠近该线条上并点击左键,松开后移动鼠标点击左键,可以起到平行线工具的作用。

(3)选择笔工具,框选一段线条后,将鼠标靠近该线条的一个端点上,点击左键,可以起到延长工具的作用。

(4)选择笔工具,框选两条相互成角但不相交的线条后,移动鼠标至其中一条线的端点,点击左键,可以起到角连接工具的作用。

(5)选择笔工具,框选两条或多条相交的线条后,移动鼠标靠近要修剪的线段,点击左键,可以起到修剪工具的作用。

(6)选择笔工具,框选两条相交线其中一条线,移动鼠标靠近交点,点击左键,可以起到断开工具的作用。

(7)选择笔工具,框选开省的外轮廓线后,移动鼠标至省线上,点击左键,输入数据并回车,可以起到挖省工具的作用。

三、项目操作步骤与图示

打开打板软件后,按照制图要求新建文档(设置号型 170/74A 以及规格),确认后进入制图界面。

1. 选择笔 工具后,在绘图区双击左键,再单击左键后输入“98,50”回车;然后左键点击并拖动框选中右侧竖直线(上平线)后松开,然后将鼠标移至上平线,点击左键后向左移动,输入“25”并回车(绘制上裆线);再次左键点击右侧竖直线,输入“16.7”并回车(绘制臀围线);再次左键点击右侧竖直线,输入“55”并回车(绘制中裆线);左键点击上水平线输入“24”并回车(绘制侧缝基础线);操作结果如图 2-17 所示。此步聚应用笔工具来实现矩形 、平行线 工具的功能。

2. 选择断开 工具,框选中所有线条后点击右键,使所有线条在交点处断开;然后选择移动 工具,选中前后片分界线以上的所有线条后点击右键,接着左键点击任意点,向上移动鼠标空出裤裆量，操作结果如图 2－18 所示。

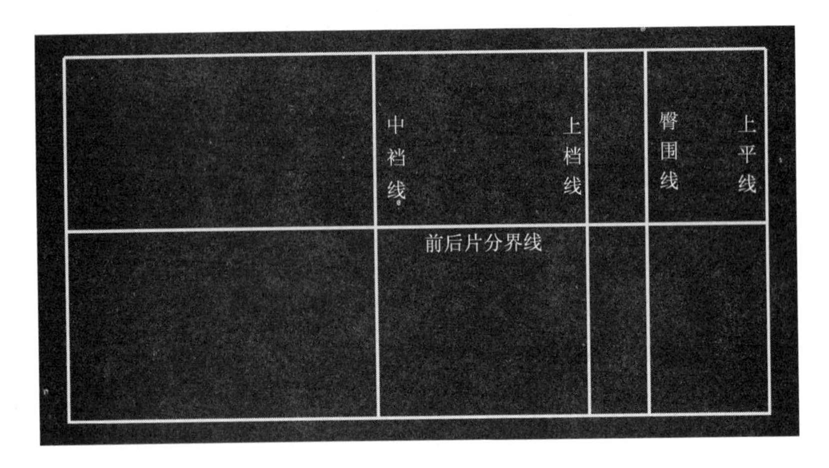

图 2－17

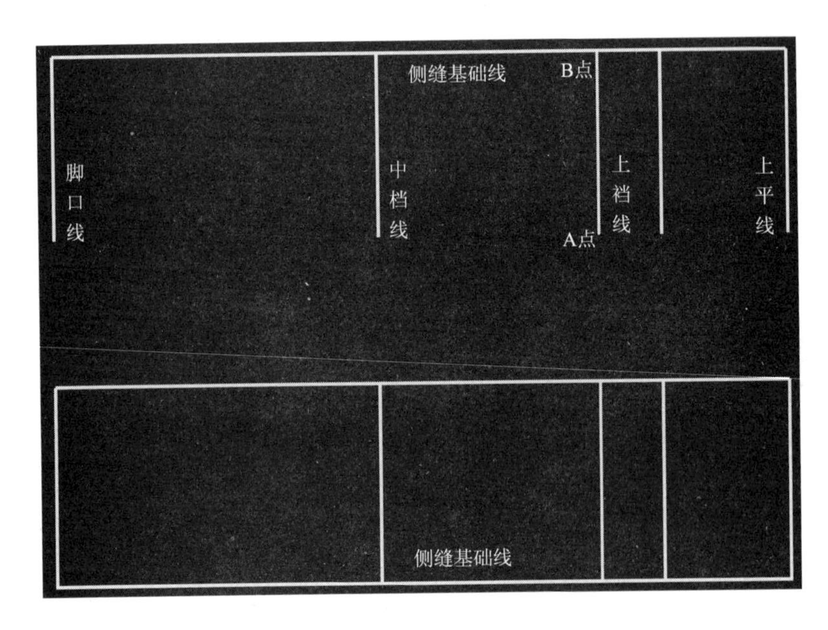

图 2－18

3. 绘制前裤片。

(1)选择笔工具，左键拖动框选上裆线后松开，然后移动鼠标至图 2－19 中的上裆线下端点（A 点），点击左键，输入“4”后回车，绘制前裤片小裆量；左键点击上裆线上端点（B 点），输入“－0.7”后回车，绘制前裤片撇势，操作结果如图 2－19 所示。此步骤应用笔工具来实现延长 工具的功能。

(2)绘制前片烫迹线：选择笔 工具，选择 F2，移动鼠标到上裆线的中间位置，点击左键，按住 Shift 键后，移动鼠标至上平线的一个端点，再点击左键，再右键两次结束；左键拖动

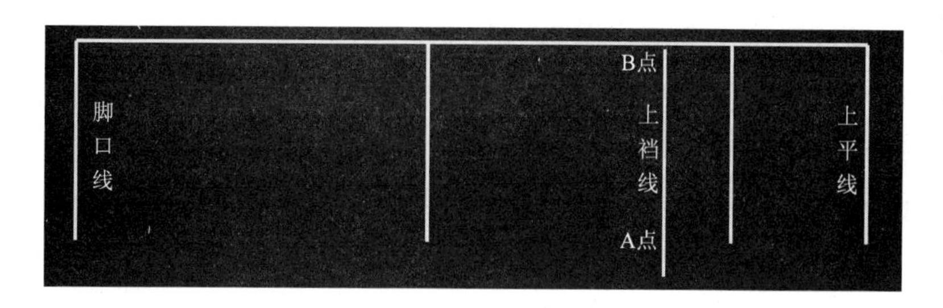

图 2－19

框选脚口线后松开，然后将鼠标移动至刚绘制出的烫迹线上，点击左键即可，结果如图 2－20 所示。此步聚应用笔工具来实现延长至 工具的功能。

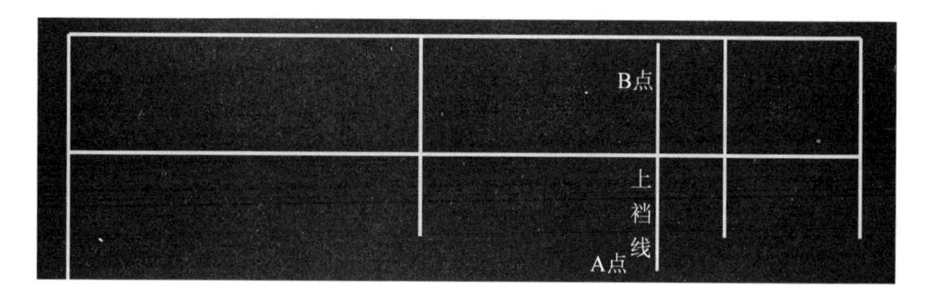

图 2－20

(3)选择画圆 工具，左键点击图 2－21 中的 C 交点，输入“9.5”后回车；选择笔 工具，左键点击圆与脚口线的交点 D(选下面那个点)，选择 F9，输入“2”并回车，移动鼠标至上裆线的下端点附近并点击左键，右键两次结束，操作结果如图 2－21 所示；选择角连接 工具，选择中裆线与刚绘制的连接线进行角连接，操作结果如图 2－22 所示。

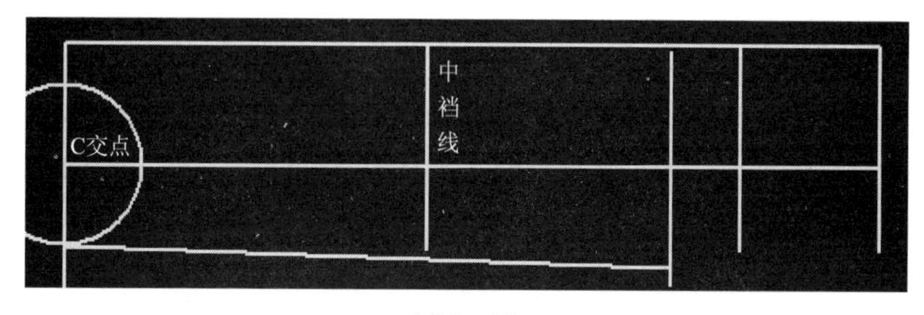

图 2－21

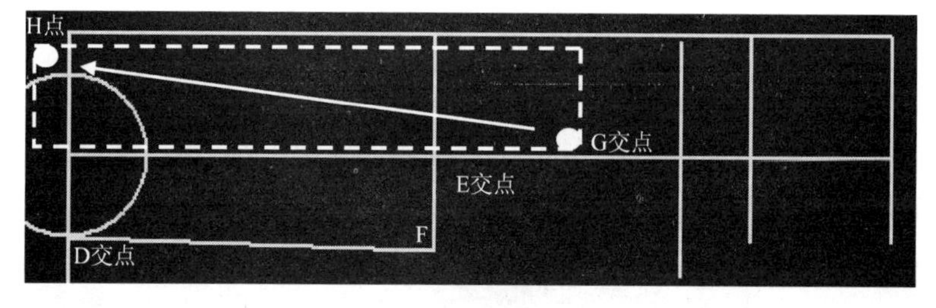

图 2－22

(4)选择画圆工具,左键点击图 2-22 的 E 交点,移动鼠标至中裆线的下端点 F,点击左键,确定另一边的中裆量;选择修剪工具,左键点击图 2-22 的 G 点,并按住鼠标拖动到 H 点后松开鼠标,选中两个圆、中裆线和脚口线,右键点击后移动鼠标至中裆线上端点,点击左键修剪,移动鼠标至脚口线上端点和下端点,点击左键修剪,操作结果如图 2-23 所示。

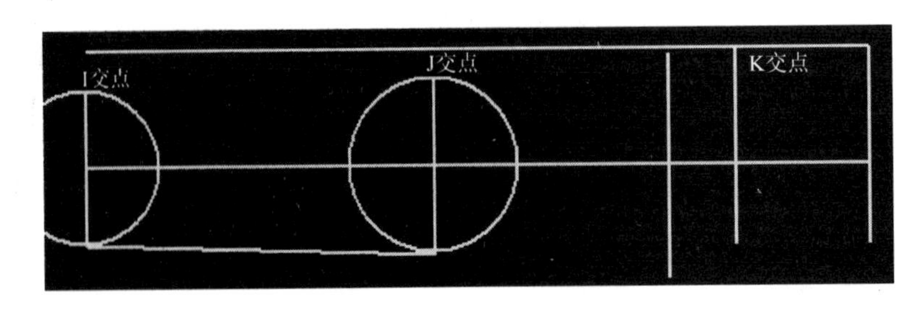

图 2-23

(5)整理线条:在笔工具或右键空白处至无工具状态下,选择图 2-23 中的两个圆和 K 交点左侧的水平线,按 Delete 键删除即可,操作结果如图 2-24 所示。

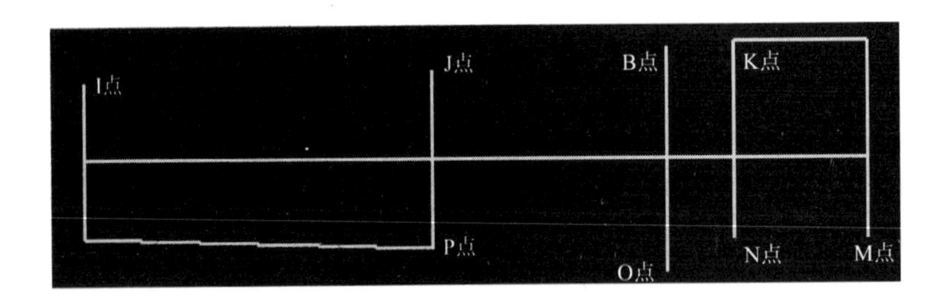

图 2-24

(6)选择笔工具,左键点击图 2-24 中的 I 点,移动鼠标至 J 点后,先点击左键后点击右键,再移至 B 点后,先点击左键后点击右键,再移至 K 点后,先点击左键后点击右键,再次右键断开;将鼠标移至 M 点点击左键,再移至 N 点后,先点击左键后点击右键,再移至 O 点后,先点击左键后点击右键,再移至 P 点后,先点击左键后右键两次结束操作,操作结果如图 2-25 所示。

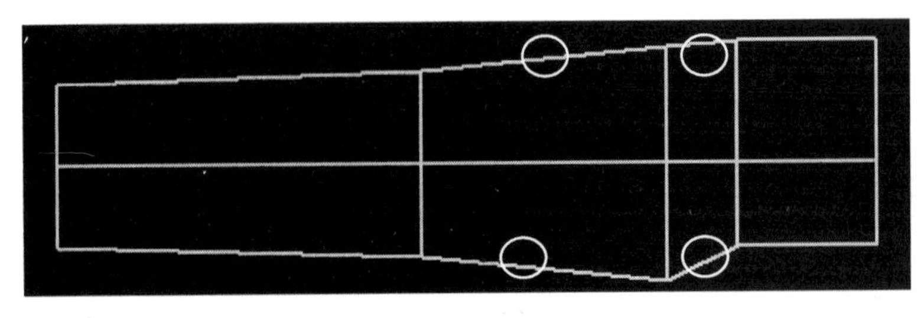

图 2-25

(7)弯曲线段:选择笔工具后在空白处单击右键,进入无工具状态,然后移至图 2-25 用圆圈出的某一线条上,双击鼠标左键后再在线条上点击左键并松开,移动鼠标调整曲线的弧度并点击左键确定,多次操作后,操作结果如图 2-26 所示。

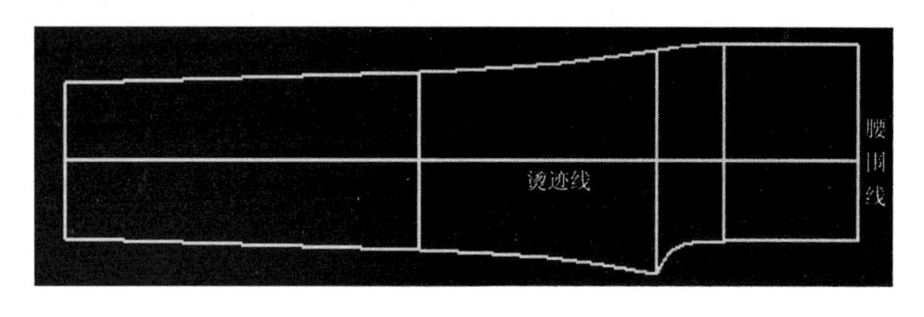

图 2-26

(8)选择笔工具,左键点击并拖动框选图 2-26 中的烫迹线后松开鼠标,然后左键点击烫迹线后向下移动,输入"0.7"并回车;再次左键点击烫迹线,向上移动,输入"2.8"并回车;左键点击腰围线,然后向左移动,输入"4"并回车,然后用放大工具将界面放大,操作结果如图 2-27 所示。左键点击并拖动鼠标框选刚才绘制的三条平行线(可分几次选中),然后移动鼠标至图 2-27 中的 A、B、C、D 端并点击鼠标左键,结果如图 2-28 所示。此步聚应用笔工具来实现平行线和修剪工具的功能。

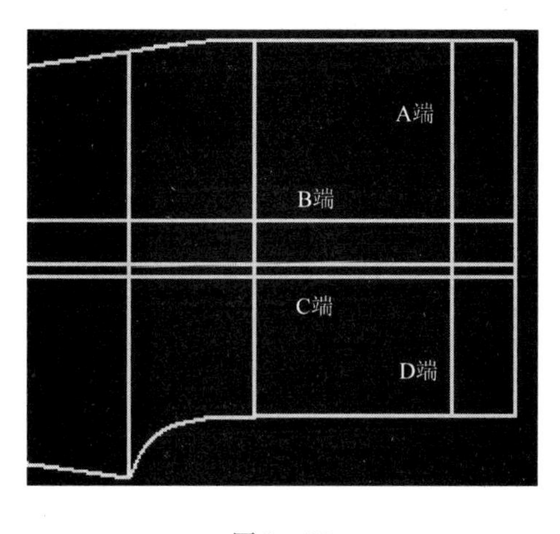

图 2-27

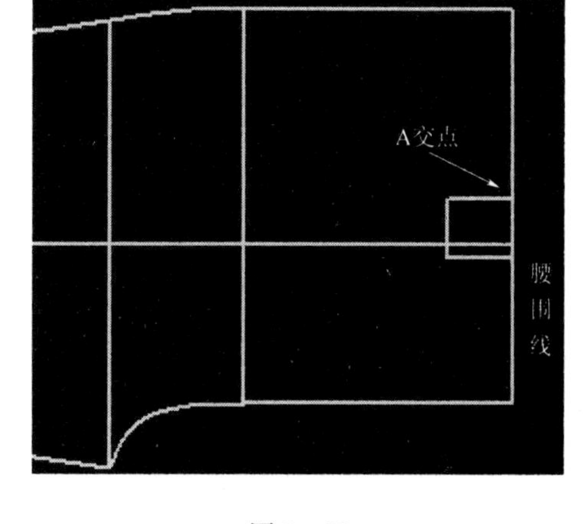

图 2-28

(9)选择断开工具,左键点击腰围线后,再左键点击图 2-28 中的 A 交点,将腰围线断开;选择笔工具,选择 F2 后移动鼠标至腰围线上段中间位置,点击左键并向左移动,输入"10.5"并回车,双击右键结束操作,结果如图 2-29 所示;用笔工具绘制省,左键点击拖动并框选中与省位线相连的腰围线,再移至省位线上点击左键,输入"2.5"并回车,操作结果如图 2-30 所示。此步聚应用笔工具来实现挖省工具的功能。

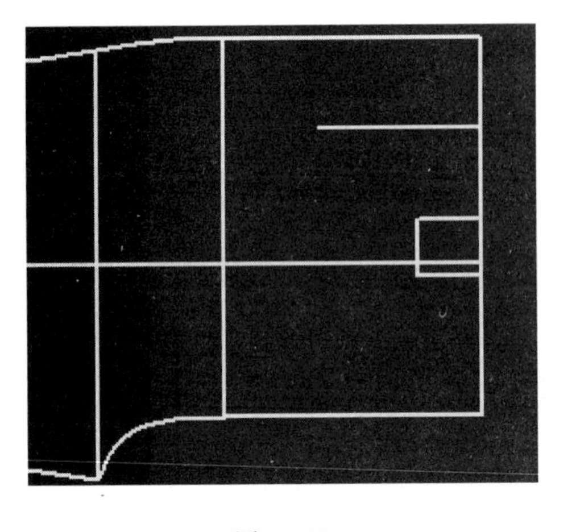

图 2－29

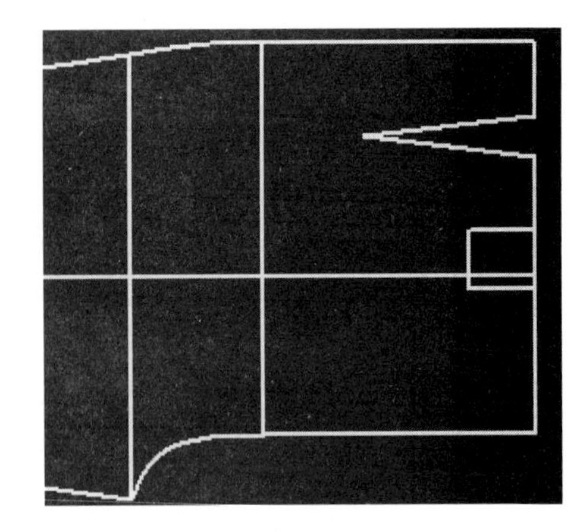

图 2－30

（10）前片总体效果如图 2－31 所示，保存制图结果。

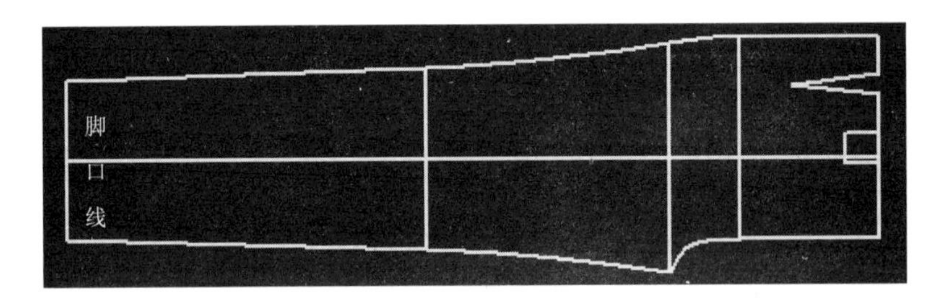

图 2－31

4. 绘制后裤片。

（1）选择笔工具，点击拖动并框选中后片下面最左侧的水平线，然后将鼠标移至该线上，点击左键后向上移动鼠标，输入“19”并回车；点击拖动并框选中刚绘制的线条，将鼠标移至该线的右端点（光标会显示为延长标志）并点击左键，移动鼠标至后片脚口线的端点，点击左键即可，该线为后片烫迹线，操作结果如图 2－32 所示。此步聚应用笔工具来实现平行线和延长工具的功能。

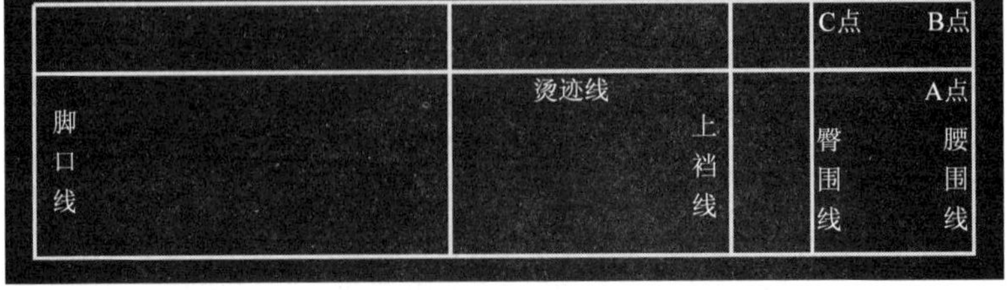

图 2－32

(2)选择断开工具,左键点击腰围线,再左键点击图 2-32 中的 A 点;选择笔工具,选择 F2,移动鼠标至 A、B 两点的中间位置,左键点击后移动鼠标至 C 点;点击右键结束操作,结果如图 2-33 所示。选择平行线工具,点击上裆线,向左移动鼠标,输入“0.7”并回车(也可用笔工具完成该步骤);将原来的上裆线删除;选择角连接工具,左键点击新绘制的这两条线,操作结果如图 2-34 所示。

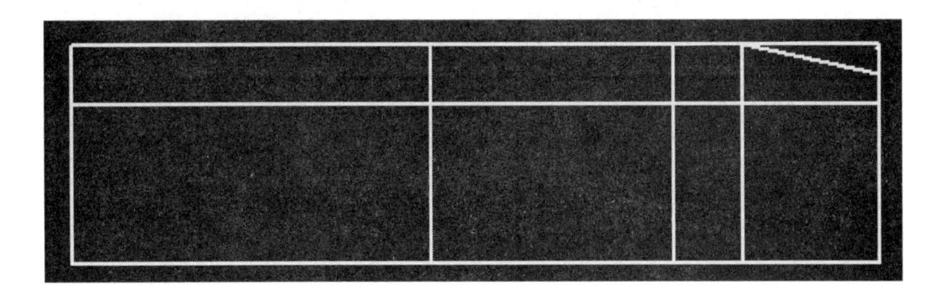

图 2-33

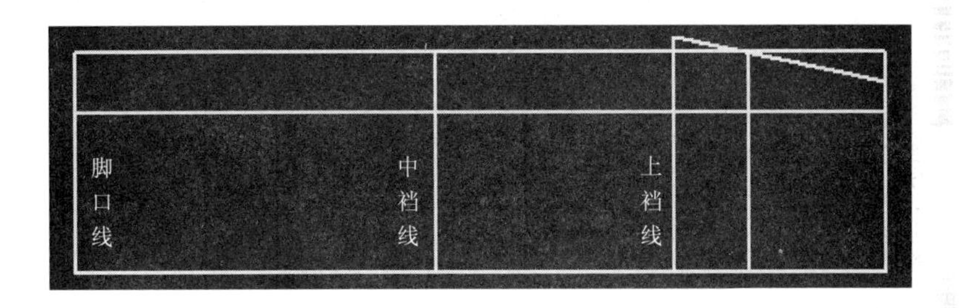

图 2-34

(3)选择延长工具,左键点击上裆线的上端点,输入“10”并回车;左键点击上裆线的下端点,输入“-1”并回车;然后将脚口线和中裆线向上延长,操作结果如图 2-35 所示(也可用笔工具完成该步骤)。

(4)选择画圆工具,左键点击图 2-35 中的 A 点,松开并移动鼠标,输入“11.5”并回车;左键点击图 2-35 中的 B 点,松开并移动鼠标,输入“12.7”并回车,操作结果如图 2-36 所示。

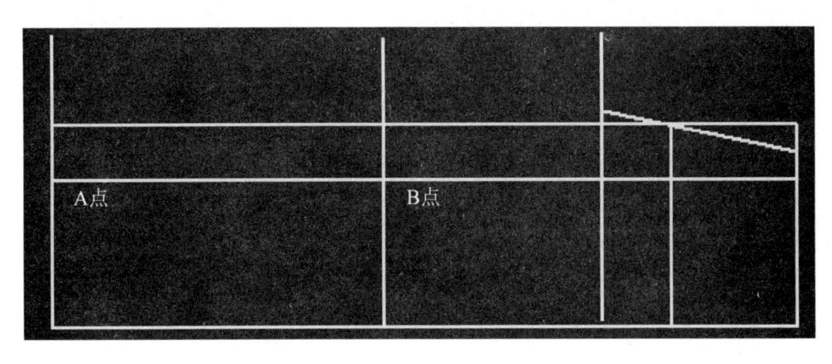

图 2-35

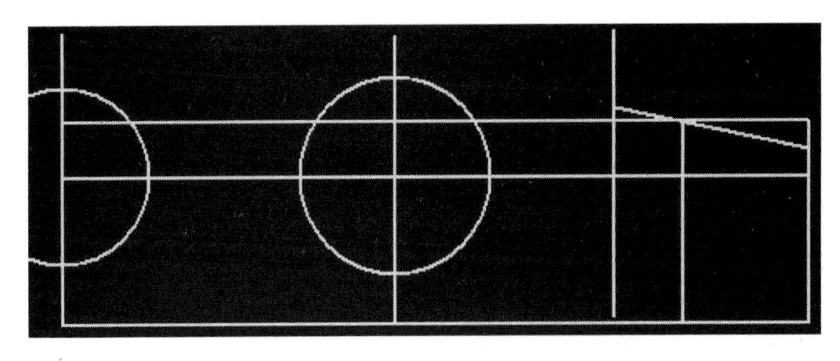

图 2 - 36

(5)选择修剪工具,选中两个圆、脚口线和中裆线,右键点击后移动鼠标修剪脚口线和中裆线多余部分;在笔工具或无工具状态下,删除两个圆和多余线条,操作结果如图 2 - 37 所示。

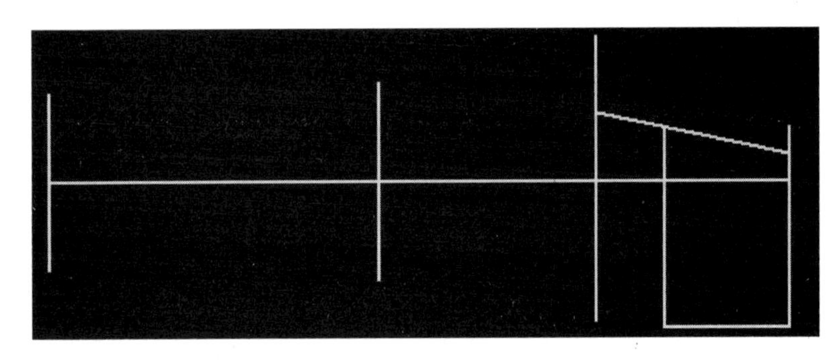

图 2 - 37

(6)选择笔工具,连接后片的外轮廓线(参考前片制图步骤);用无工具状态下的弯曲线段操作圆顺外部轮廓线(参考前片制图中步骤),结果如图 2 - 38 所示。

(7)选择延长工具,左键点击后裆斜线的左端点,移动鼠标至臀围线和后裆斜线的交点 A 点;左键点击后裆斜线的右端点,输入“2”并回车;点击腰围线的下端,延长腰围线,操作结果如图 2 - 39 所示(也可用笔工具完成该步骤);选择画圆工具,左键点击图 2 - 39 中的 C 点,输入“23”并回车;选择笔工具,连接 A 点、圆与腰围线的交点、B 点,操作结果如图 2 - 40 所示。

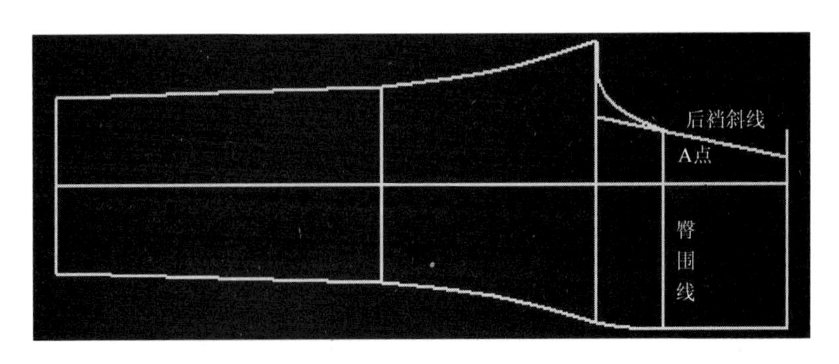

图 2 - 38

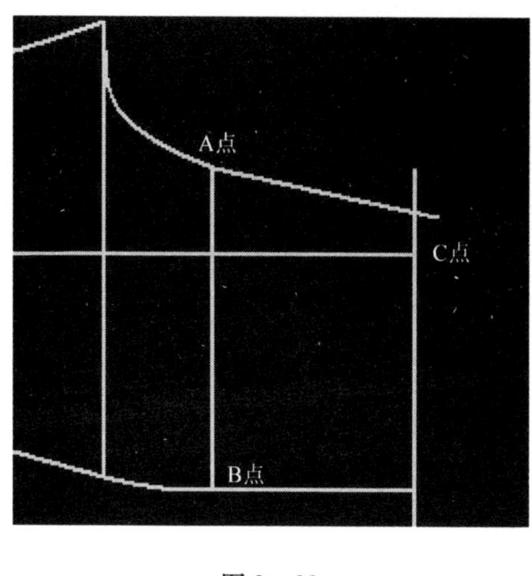

图 2－39

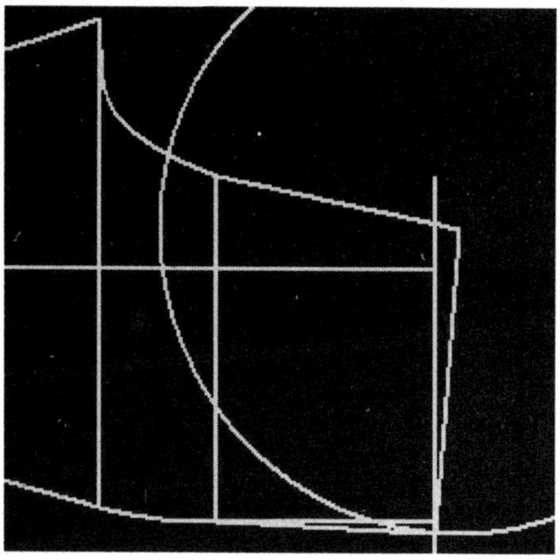

图 2－40

（8）选择笔工具或无工具状态，选中圆及多余线条，然后按 Delete 删除；在无工具状态下，弯曲并圆顺腰围线，操作结果如图 2－41 所示。

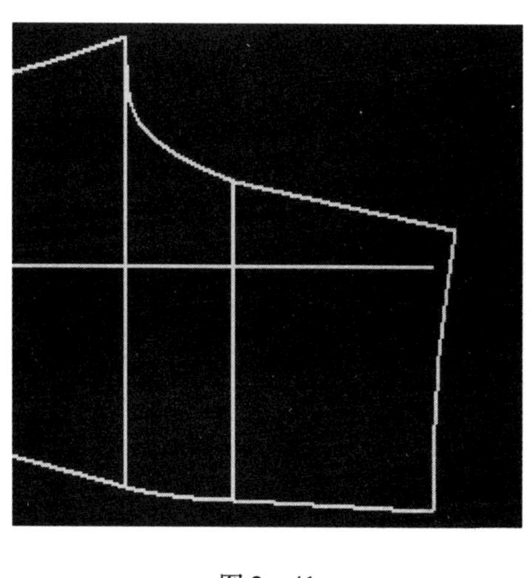

图 2－41

图 2－42

（9）选择平行线工具，左键点击腰围线并向左移动鼠标，输入“7”并回车，绘制口袋位置线（也可用笔工具完成该步骤）；选择画圆工具，以新作平行线的下端点为圆心，分别绘制半径为 4.5 和 18 的两个圆，操作结果如图 2－42 所示；选择修剪工具，选择两个圆和口袋位置线，点击右键后，点击口袋位置线的两个端点；然后删除两个圆，操作结果如图 2－43 所示。

（10）选择垂线工具，左键点击腰围线，选择 F9，输入“2”并回车，移动鼠标到口袋线上面的端点，左键点击后松开鼠标，移向腰围线右侧后再点击左键；左键再次点击腰围线，选择F9，输入“2”并回车，移动鼠标到口袋线下面的端点，左键点击后松开鼠标，移向腰围线右侧后再点击左键，点击右键结束操作，操作结果如图2－44所示。

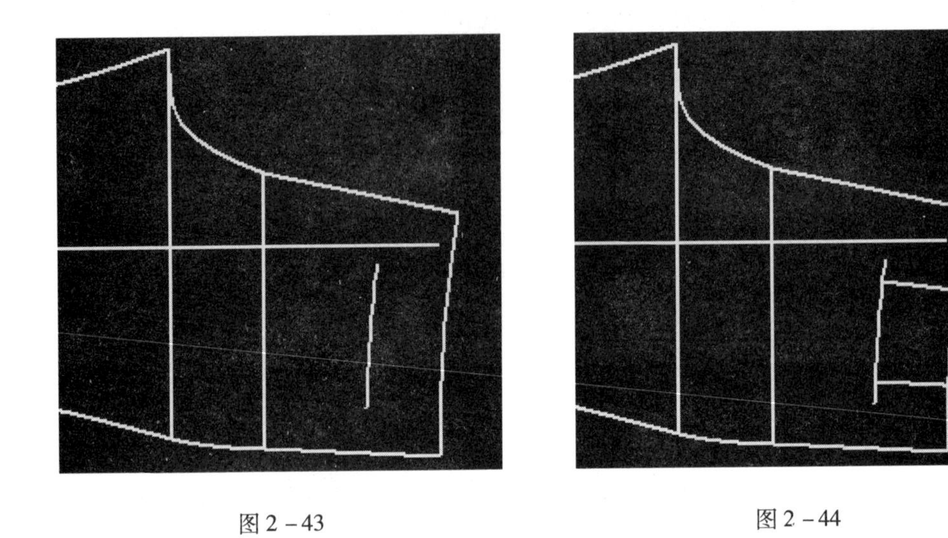

图2－43　　图2－44

(11)选择挖省工具，左键点击腰围线，再点击省位线，输入“1.5”并回车，进行开省操作，操作结果如图2－45所示(也可用笔工具完成该步骤)，保存制图结果。

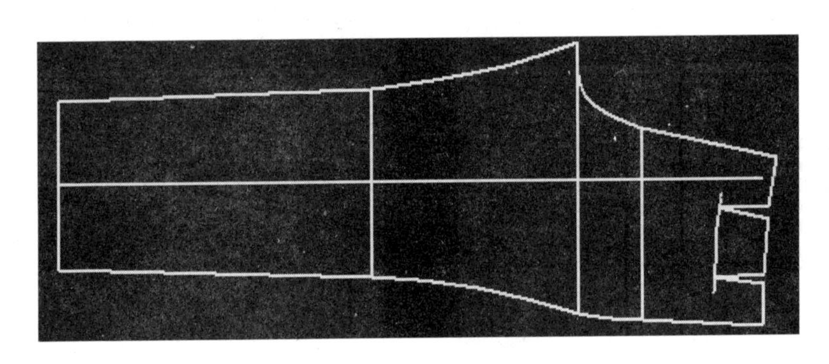

图2－45

第三节　衬衫CAD制图

一、衬衫CAD制图要求

用服装CAD软件按照所给定的款式和数据进行衬衫制图，并保存制图结果。本项目为温州市(高级)服装样板设计制作工职业技能考核—服装CAD部分的考核要求之一。

1. 衬衫款式实物照片如图2－46所示。

2. 款式说明：此款为女衬衫，前片左右各有一个胸省，门襟采用装门襟；后片左右各有一个腰省；领子为男式中尖领。衬衫款式结构平面图如图 2 – 47 所示。

图 2 – 46

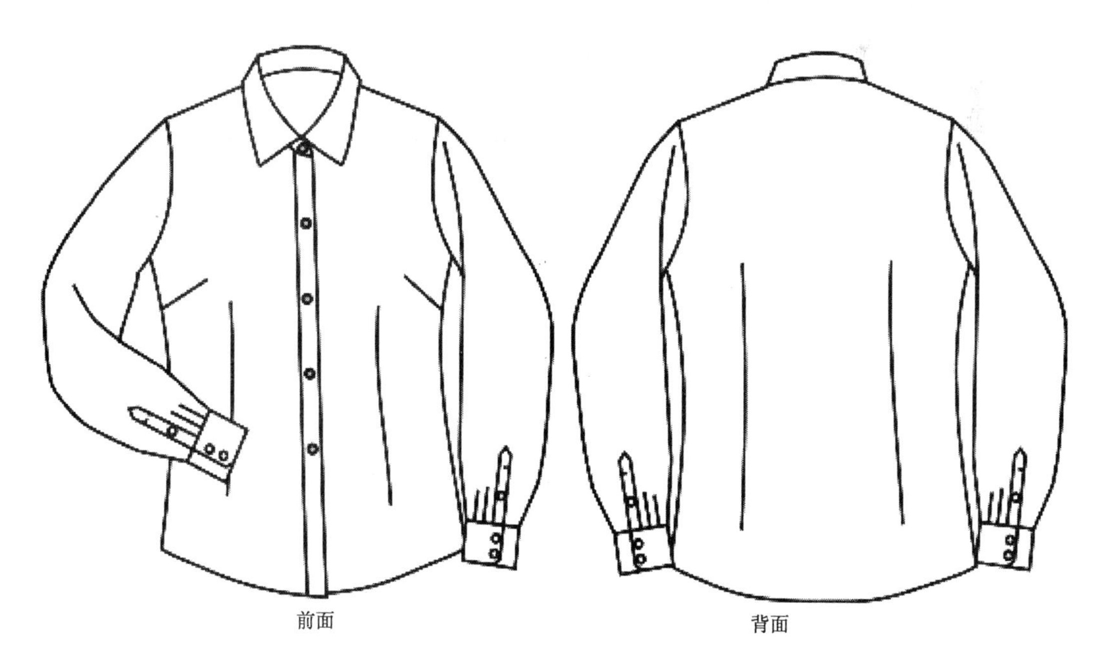

图 2 – 47

3. 衬衫（号型 160/84A）结构制图规格见表 2 – 3。

表 2－3 单位：cm

部位	衣长	胸围	领口	肩宽	袖长	袖口
规格	60	90	42	38	57	22

4. 衬衫结构制图数据如图 2－48 所示。

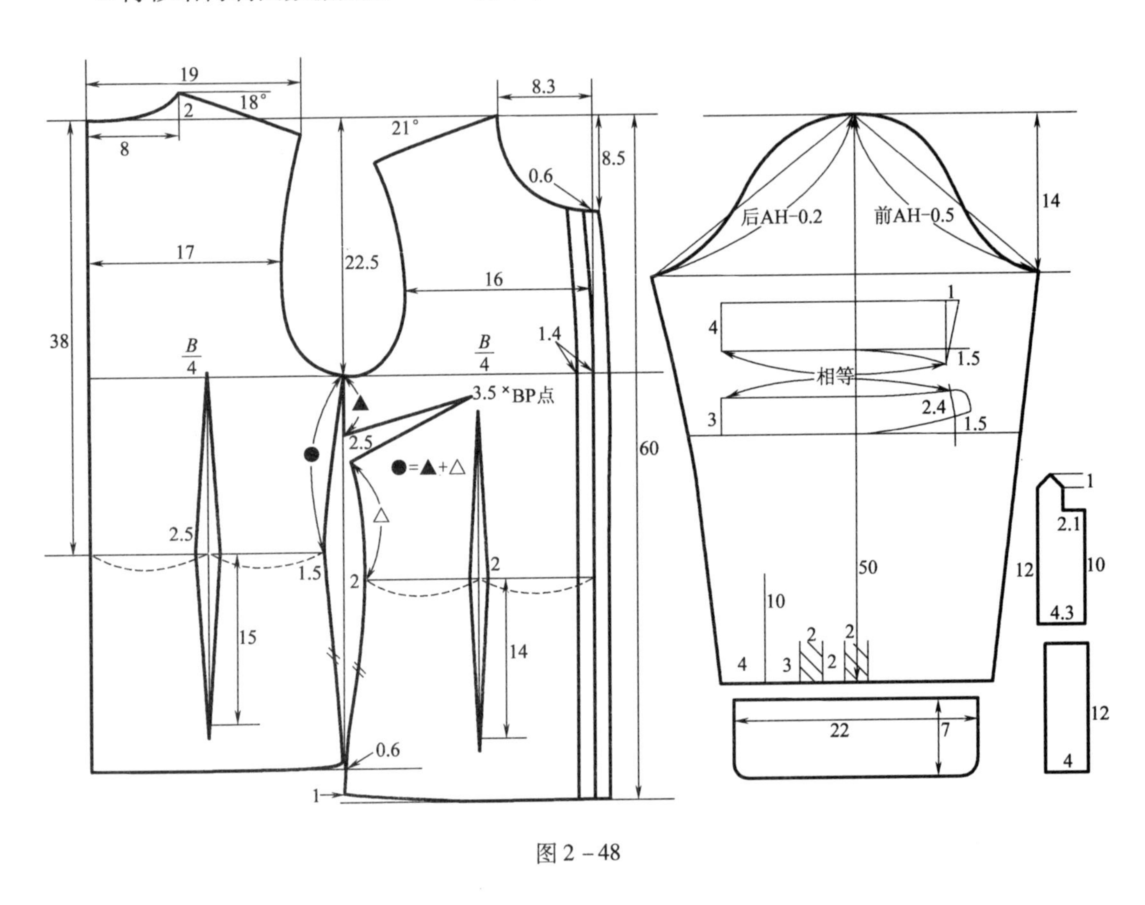

图 2－48

二、项目工具讲解

(一)本项目应用到的工具

1. 点捕捉功能键：F1、F2、F3、F9、F10、F11 等。

2. 绘图工具：智尊笔、矩形、平行线、断开、点移动、垂线、弯曲线段、开省、选择操作、延长、修剪、角连接、角度线、吸附式曲线、镜像、任意点、加圆角工具等。

(二)新工具讲解

本节的新工具有角度线、吸附式曲线、镜像 、任意点 、加圆角 工具。

1. 角度线：绘制与基准线呈一定角度的线段。选择“绘图”菜单下的“角度线”选项，然后选择基准直线，然后选择角度线的起始点，再输入夹角度数(也可随意定制)，最后输入线段长度(也可随意定制)。

2. 吸附式曲线:这是弯曲线段的一种特殊方式,主要用于侧缝的绘制。操作与弯曲线段很接近,只是在确定弯曲程度之前先按 Tab 键,即形成吸附式的曲线。

3. 镜像 :选择工具后,选中要参与镜像的对象后点击右键结束,再左键点击镜像界面上的两个点,松开鼠标即可。

4. 任意点 :可以在任意位置加点(所加点具有相对独立性),与点捕捉功能键结合使用可完成所需位置点的标注。

5. 加圆角 :选择工具后,分别左键点击两条相交的线条后,移动鼠标,确定位置后点击左键结束(也可输入具体数据,回车)。

6. 笔 工具与无工具 状态的切换:选择笔 工具在绘图区空白处点击右键,可以切换到无工具 状态;无工具 状态下在绘图区空白处双击左键可以切换到笔 工具状态。

三、项目操作步骤与图示

(一)绘制衬衫前后片

1. 选择笔 工具后,在绘图区双击左键,再单击左键后输入"45,60"并回车;然后左键点击并拖动框选上平线后松开,然后将鼠标移至上平线,点击左键后向下移动,输入"22.5"并回车;再次将鼠标移至上平线,点击左键后向下移动,输入"38"并回车;再将鼠标移至左侧竖直线,点击左键后向右移动,选择 F2,移动鼠标至上平线的中间位置,点击左键绘制侧缝基础线,操作结果如图 2-49 所示。此步聚应用笔 工具来实现矩形 、平行线 工具的功能。

2. 选择断开 工具,选中胸围线、腰围线和侧缝线,点击右键;选择笔 工具,选择 F9,输入"8"并回车,移动鼠标至上平线的左端,点击左键后,将鼠标竖直向上移动,输入"2"并回车,点击右键结束;选择 F9,输入"8.3"并回车,移动鼠标至上平线的右端,点击左键后,将鼠标竖直向下移动,输入"8.5"并回车,然后选择 F6(吸附)并按住 Shift 键,移动鼠标至前中心线上,操作结果如图 2-50 所示。

3. 选择笔 工具,绘制出前后领口弧线,并在无工具 状态下用修改线条操作命令使领口弧线圆顺,操作结果如图 2-51 所示;选择平行线 工具,左键点击后中心线并向右移,输入"19"并回车,绘制后片肩宽线;选择"绘图"菜单下的"角度线"命令,左键点击上平线后再点击左键颈侧点(A 点),输入"162"并回车,然后选择 F6,将鼠标移至后片肩宽线,点击左键结束,操作结果如图 2-52 所示。

4. 选择测量 工具,左键点击后片颈侧点(A 点)和后片肩端点(B 点),右键结束即可测量后肩斜的长度(长度为 11.5);选择"绘图"菜单下的"角度线"命令,左键点击上平线后再左键点击前片颈侧点(C 点),输入"21"并回车,然后输入"11.5"并回车,点击右键结束；选择平行线工具，左键点击后片肩宽线，向右移动鼠标，输入“2”并回车，左键点击前中心线，向左移动鼠标，输入“16”并回车，结果如图 2－53 所示（也可用笔工具完成平行线工具部分的操作）。

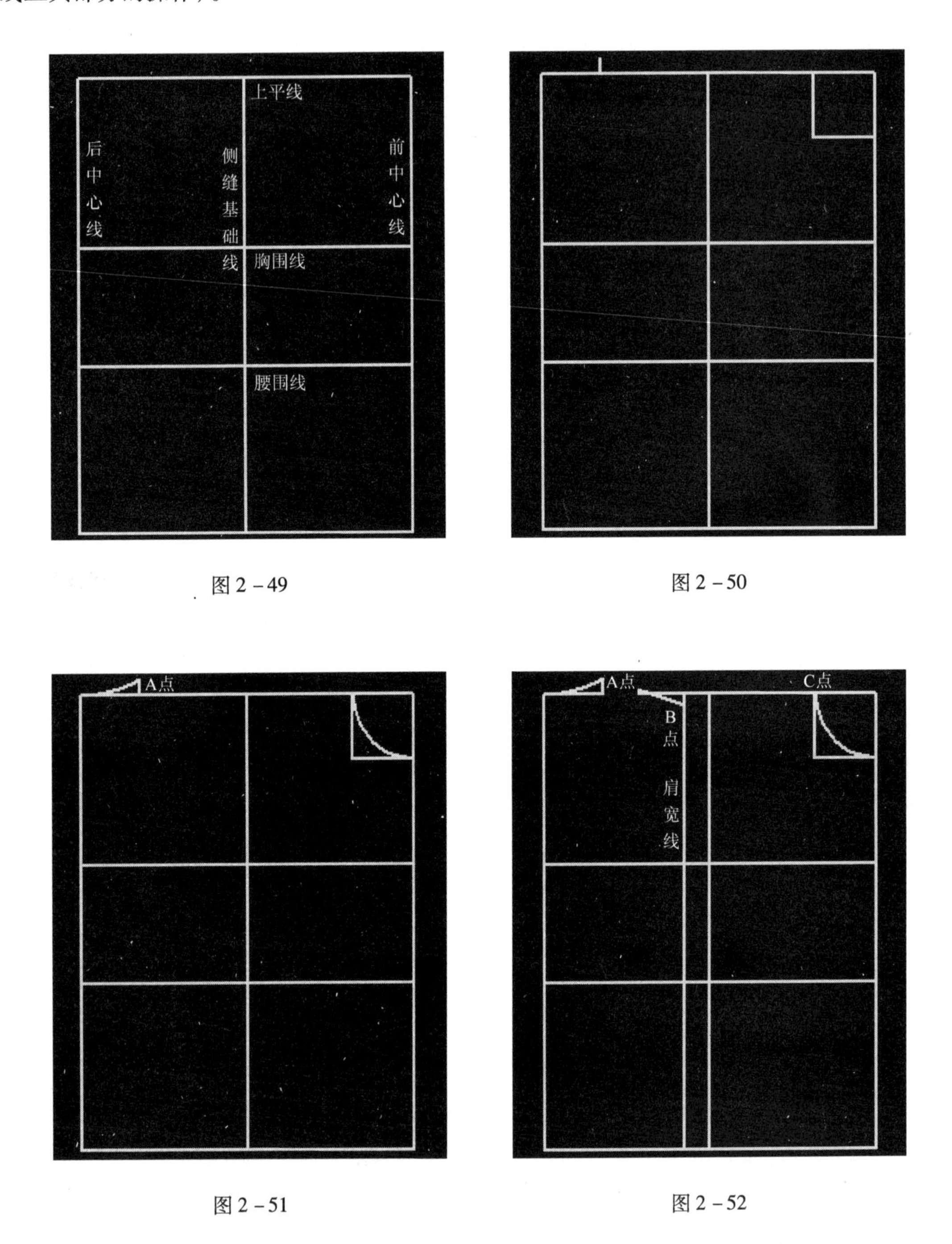

图 2－49

图 2－50

图 2－51

图 2－52

5. 在无工具状态下，删除肩宽线；选择修剪工具，选中后背宽线、前胸宽线、胸围线和侧缝基础线，左键点击背宽线和胸宽线的下端点和侧缝基础线的上端点，用笔工具和修改线条命令绘制前袖窿弧线和后袖窿弧线（操作与领口弧线类似，两条袖窿弧线是独立的），结果如图 2－54 所示（也可用笔工具完成该步骤）。

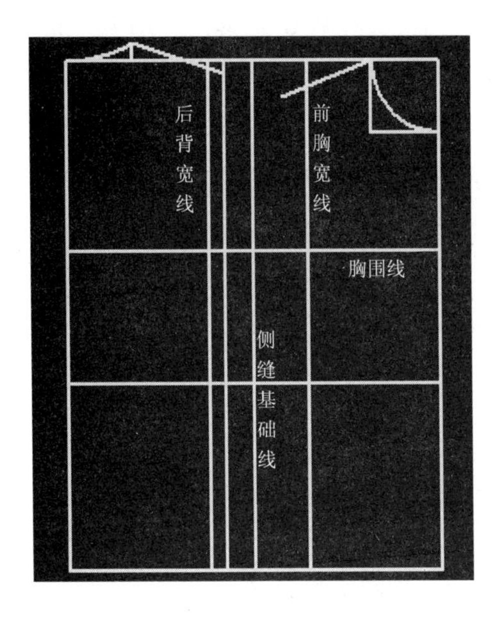

图 2－53

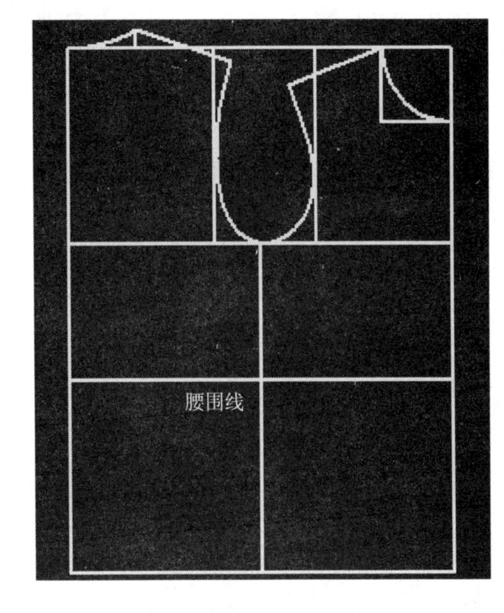

图 2－54

6. 选择延长工具，将后腰围线侧缝处内收 1.5cm（操作参照之前延长工具的使用），前腰围线侧缝处内收 2cm；选择平行线工具，将前片中的腰围线向下平行移动 2.5cm（根据胸省大小而定）；然后删除前片原腰围线、背宽线和胸宽线，操作结果如图 2－55 所示；选择平行线工具，选择 F2，左键点击后中心线，移动鼠标至腰围线的等分处，再点击左键，操作结果如图 2－56 所示（也可用笔工具完成该步骤）。

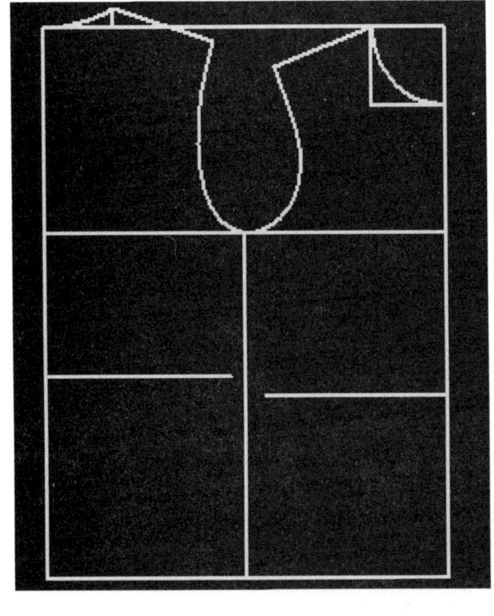

图 2－55

图 2－56

7. 选择笔 工具绘制前后片侧缝线（侧缝线不能断开）；并用修改线段操作画顺侧缝线；删除原先的侧缝基础线，结果如图 2 - 57 所示；选择任意点 工具，选择 F11，左键点击图 2 - 57 的 A 点，输入“ - 8.5， - 24.5”绘制 BP 点位置；选择笔 工具，选择 F4，左键点击 BP 点，将鼠标移向侧缝线，选择 F6，确定好方向后点击左键，双击右键结束操作，绘制胸省位线，操作结果如图 2 - 58 所示。

图 2 - 57

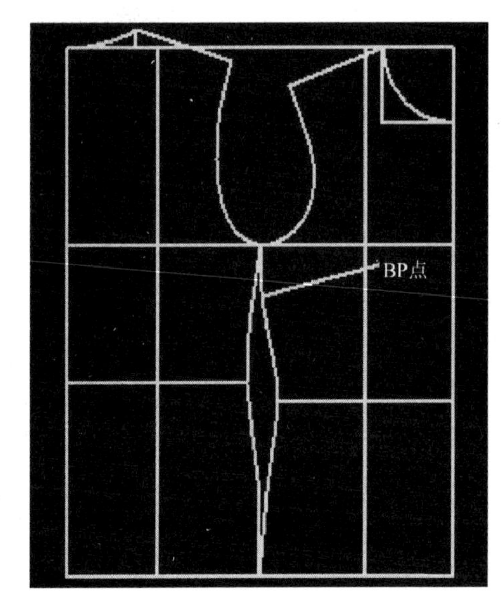

图 2 - 58

8. 选择延长 工具，左键点击省位线的右端点，输入“ - 3.5”并回车；选择挖省 工具，绘制 2.5cm 胸省，操作结果如图 2 - 59 所示；选择延长 工具，绘制前后腰省的省长（要借助辅助线并灵活应用该工具），操作结果如图 2 - 60 所示（也可用笔工具完成该步骤）。

图 2 - 59

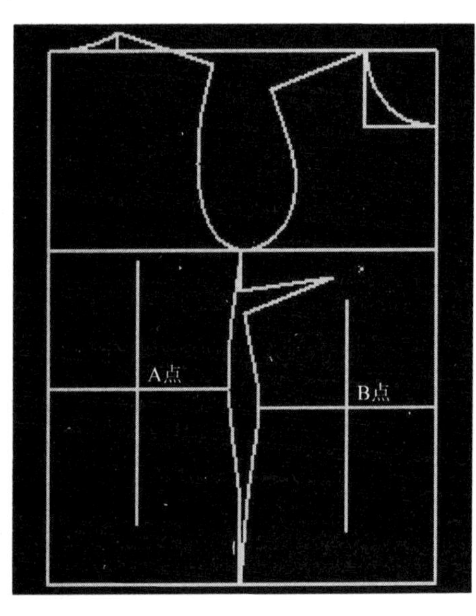

图 2 - 60

9. 选择画圆工具,左键点击图2-60的A点,输入"1.25"并回车;左键点击图2-60的B点,输入"1"并回车;选择笔工具绘制腰省(连接时在省尖点要双击右键断开,然后再继续连接,否则会形成闭合回路,系统会自动生成样片),操作结果如图2-61所示;删除省位线、两个圆以及领口基础线,操作结果如图2-62所示。

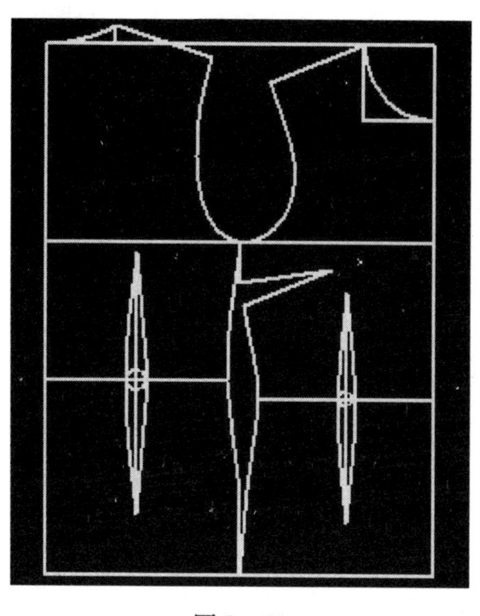

图2-61

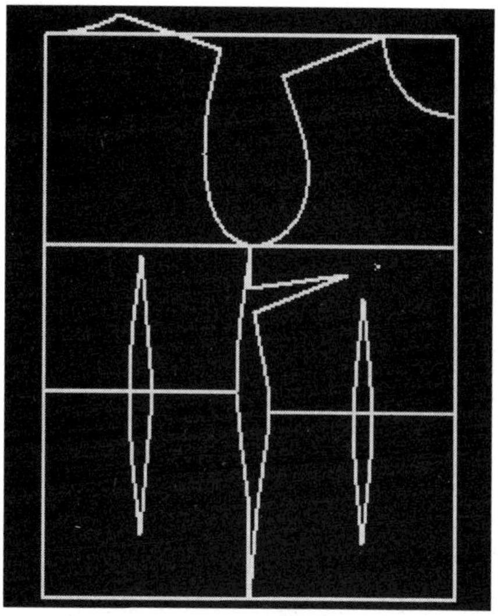

图2-62

10. 选择笔工具,框选前片侧缝线,移动鼠标至侧缝线下端点后点击左键,输入"-1"并回车;然后重新绘制前片下摆线,操作结果如图2-63所示;选择测量工具,选择前片上的两段侧缝线,测出总长(34.4cm);选择笔工具,选择F9,输入"34.4"并回车,移动鼠标至后腰围线之上的侧缝线,点击左键,选择F6,按住Shift键,移动鼠标至后中心线上并点击左键,右键点击两次结束操作,结果如图2-64所示。

图2-63

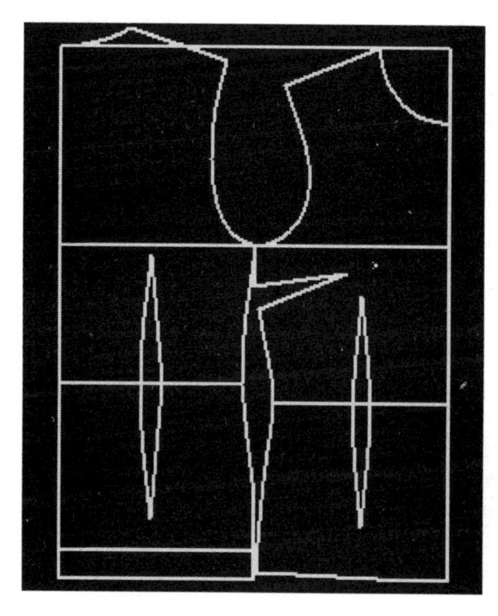

图2-64

11. 选择平行线 工具或笔 工具，将后片新绘制下摆线向下平行 0.6cm 作为下摆起翘量；选择笔工具，绘制后片下摆线；用修剪和删除命令将多余的线条修除，结果如图 2－65 所示。

12. 选择延长 工具，左键点击前领口弧线右端点，输入"－0.6"并回车；选择笔 工具，绘制新前中心线，删除胸围线之上的前中心基准线，操作结果如图 2－66 所示；选择平行线 工具，将前片的中心线各向两侧绘制 1.4cm 平行线，结果如图 2－67 所示（也可用笔 工具完成该步骤）。

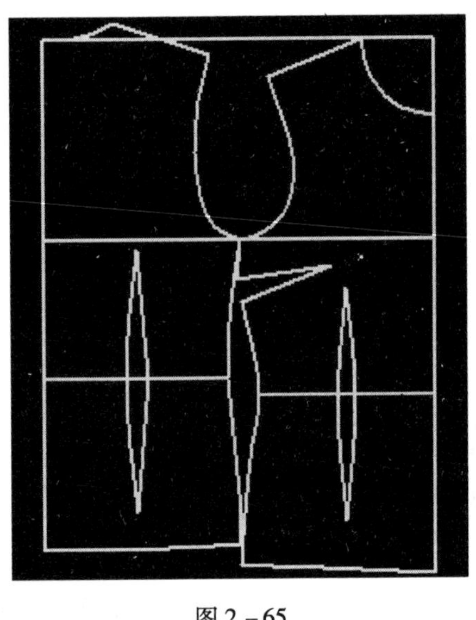

图 2－65

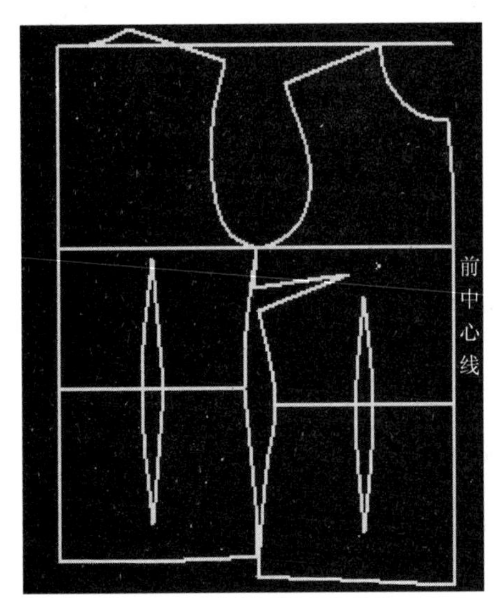

图 2－66

13. 选择笔 工具，点击左键拖动的框选方式，分别选中前领口弧线和前片止口线，然后将鼠标移至止口线上端点，光标会显示角连接 的功能符号，点击左键即可实现角连接；同样的方式将前下摆线和前片止口线进行角连接；将下摆线调整圆顺，然后删除多余线条，操作结果如图 2－68 所示。此步聚应用笔工具来实现角连接 工具的功能。

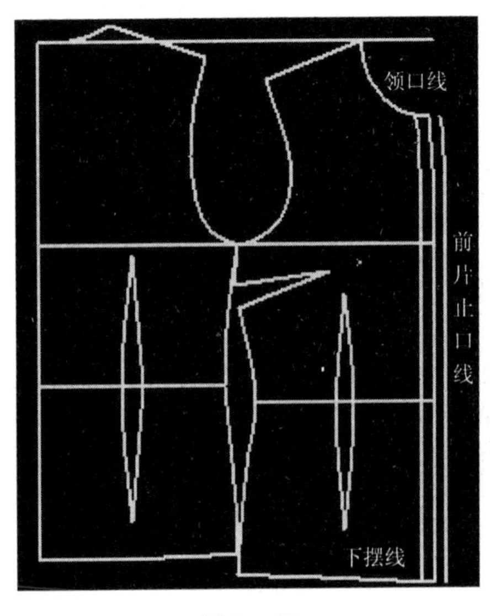

图 2－67

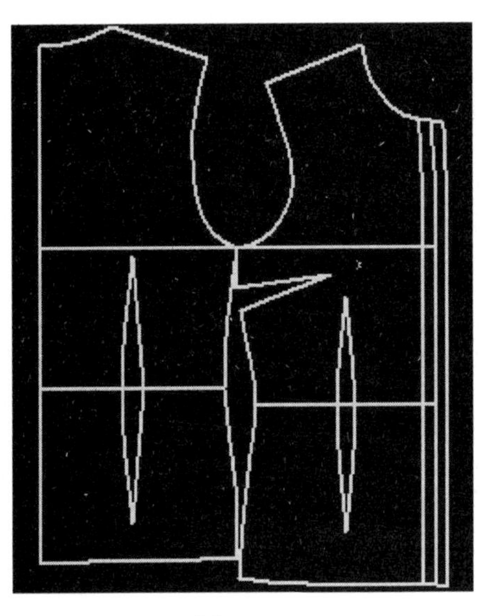

图 2－68

(二)绘制衬衫袖子样板

1. 绘制袖克夫:选择矩形工具,绘制 22cm × 7cm 的矩形,操作结果如图 2-69 所示;选择加圆角工具,左键分别点击左下角的两条边线(线 1 与线 2),输入“2”并回车,左键点击右下角两条边线(线 2 与线 3),输入“2”并回车,点击右键结束操作,结果如图 2-70 所示。

图 2-69

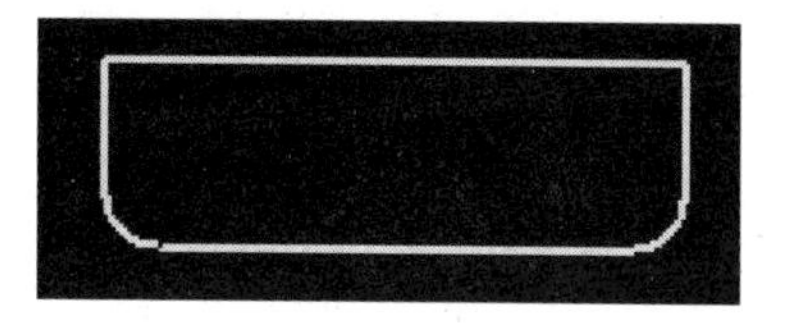

图 2-70

2. 选择矩形工具,点击左键后输入“24.5,50”并回车,选择平行线工具,左键点击上平线,向下移动鼠标,输入“14”并回车;左键点击左侧竖直边线,选择 F2,移动鼠标至上平线的中间位置,点击鼠标左键,操作结果如图 2-71 所示(也可用笔工具完成该步骤)。

3. 选择测量工具,测出前后片袖窿弧线的长度(前 AH = 22.5cm,后 AH = 23.4cm);选择画圆工具,以袖山顶点(图 2-71 中的 A 点)为圆心,分别以 22cm 和 23cm 为半径画圆;选择延长工具,将袖肥线的两端延长;选择笔工具,绘制袖山斜线,操作结果如图2-72 所示。

4. 选择笔工具,绘制袖山弧线和袖缝线,结果如图 2-73 所示。在无工具状态下,调圆修顺袖山弧线和袖缝线,并删除多余线条,操作结果如图 2-74 所示。

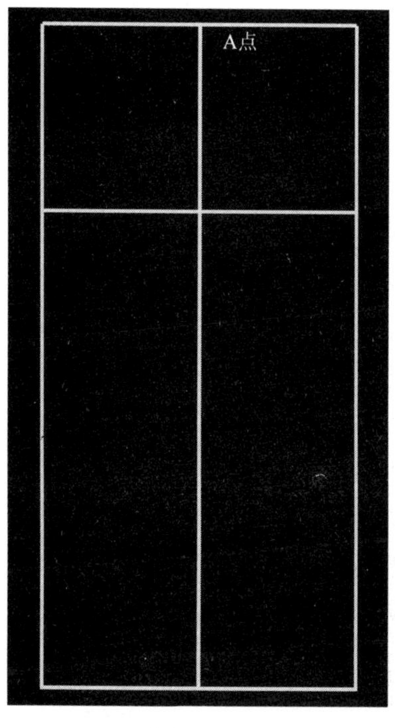

图 2-71

图 2-72

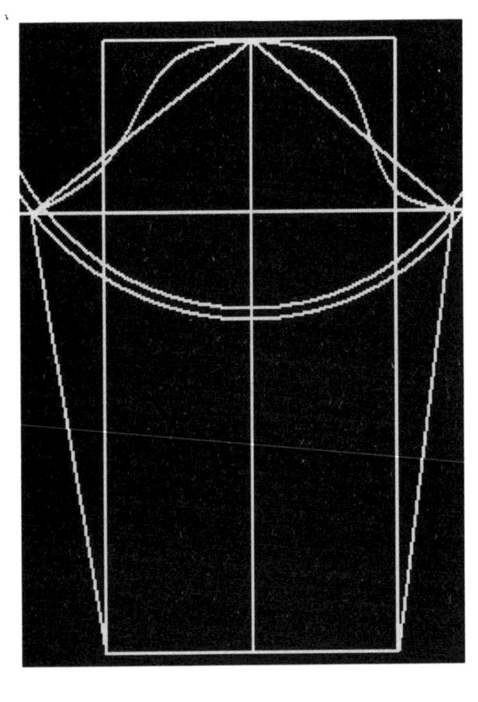

图 2-73

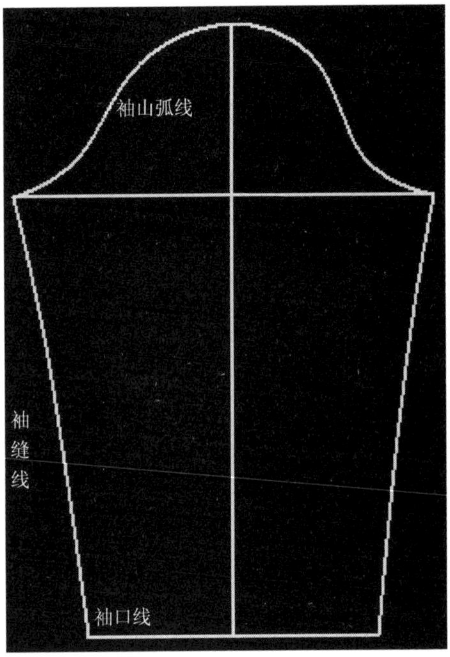

图 2-74

5. 选择笔工具，选择 F9，输入“4”并回车，移动鼠标至袖口线的左端，点击左键后，竖直向上移动鼠标，输入“10”并回车，点击右键结束；选择 F9，输入“7”并回车，移动鼠标至袖口线的左端，点击左键后，竖直向上移动鼠标，输入“4”并回车，点击右键结束；选择平行线工具，左键点击 4cm 长的线，向右作出与其相距 2cm、4cm、6cm 三条平行线，操作结果如图2-75 所示。

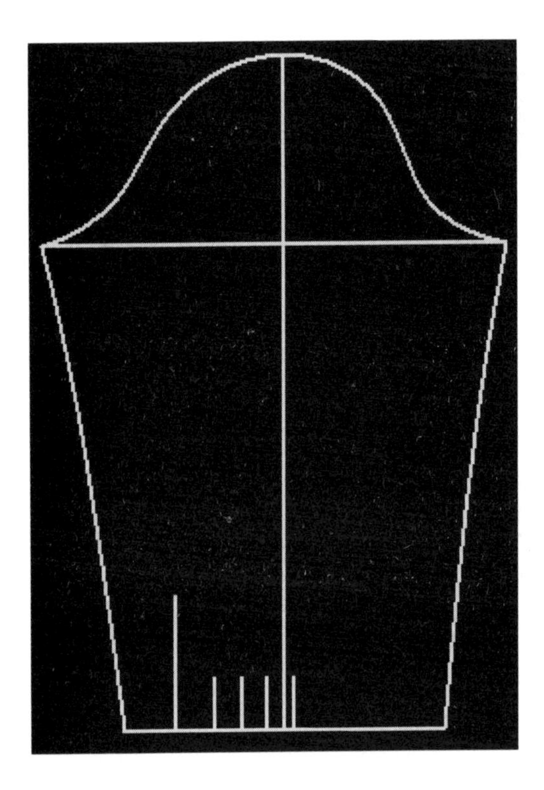

图 2-75

6. 选择矩形工具，绘制 4cm × 12cm 的矩形(小袖花)，操作结果如图 2-76 所示(也可用笔工具完成该步骤)。

7. 选择矩形工具，绘制 2.2cm × 12cm 的矩形，结果如图 2-77 所示；选择用平行线工具，在上平线以上 1cm 处画平行线，以下 2cm 处画平行线；在竖直线右侧 2.1cm 处画平行线，操作结果如图 2-78 所示；选择角连接工具，左键点击图 2-78

中的线 1 和右侧竖直线，左键点击图 2－78 中的线 2 和右侧竖直线，结果如图 2－79 所示；选择笔工具，选择 F2，绘制宝剑头，操作结果如图 2－80 所示；删除多余线条，操作结果如图 2－81 所示（可用笔工具完成该步骤的所有操作）。

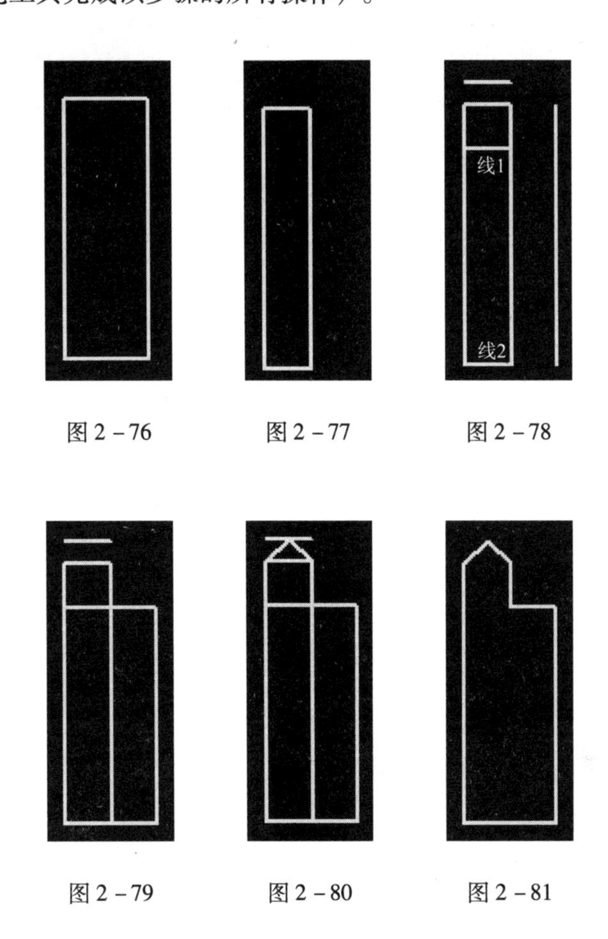

图 2－76　　图 2－77　　图 2－78

图 2－79　　图 2－80　　图 2－81

（三）绘制衬衫领样板

1. 选择矩形工具，绘制 21cm×3cm 的矩形，操作结果如图 2－82 所示；选择延长工具，左键点击右侧竖直线下端，输入"－1.5"并回车，操作结果如图 2－83 所示（也可用笔工具完成该步骤）。

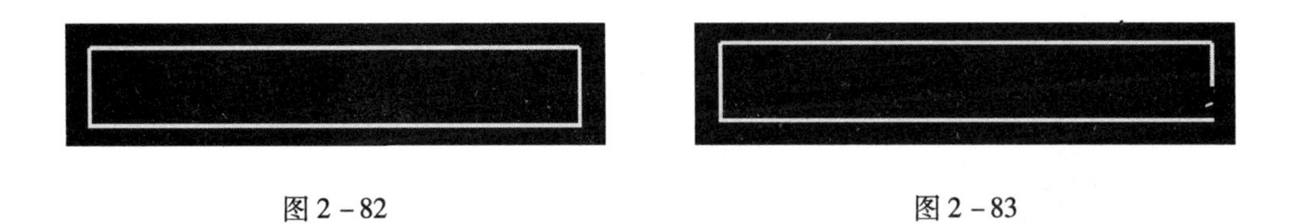

图 2－82　　图 2－83

2. 选择延长工具，左键点击下平线右端，输入"－8"并回车；选择笔工具，绘制领座底部弧线；选择延长工具，使领座底部弧线延长 1.4cm，操作结果如图 2－84 所示。选择垂直工具，点击领座底部弧线，再点击 A 交点，输入“2.4”并回车，操作结果如图 2－85 所示。

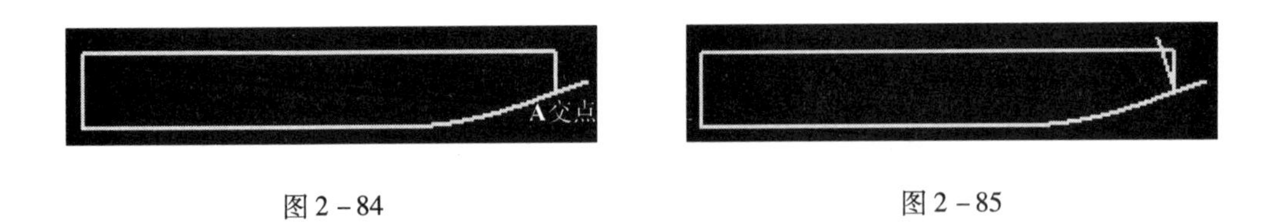

图 2－84　　图 2－85

3. 选择笔工具，绘制领座弧线，并调圆顺弧线，操作结果如图 2－86 所示；删除多余线条，操作结果如图 2－87 所示。

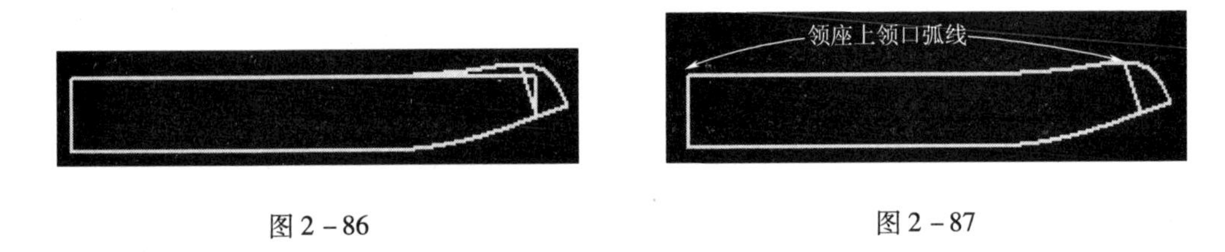

图 2－86　　图 2－87

4. 绘制领面：选择测量工具，测量出图 2－87 中领座上领口弧线的长度(20.5cm)；选择矩形工具，绘制 21cm × 4cm 的矩形，操作结果如图 2－88 所示；选择延长工具，将上平线向右延长 1cm；将下平线向左缩短 10cm；右侧竖直线向下延长 1.5cm，操作结果如图 2－89 所示(也可用笔工具完成该步骤)。

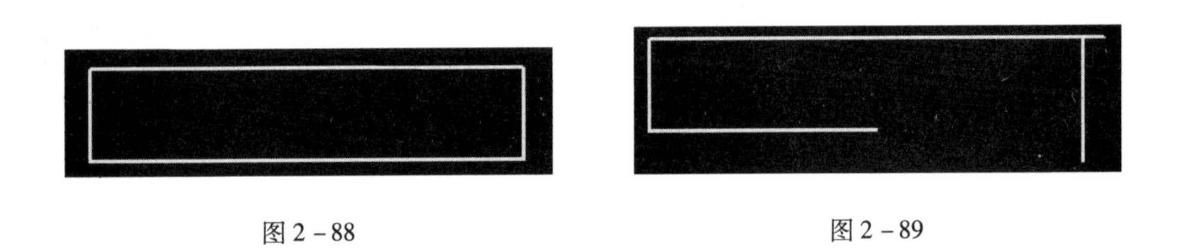

图 2－88　　图 2－89

5. 选择笔工具绘制领面弧线，删除多余线条，操作结果如图 2－90 所示；选择测量工具，测量领面下领口弧线的长度(21.2cm)；选择平行线工具，点击左侧竖直线，鼠标移向右侧输入“0.7”并回车；选择修剪工具，将多余线条修剪掉，调整完后的结果如图 2－91 所示(也可用笔工具完成该步骤)，保存制图结果。

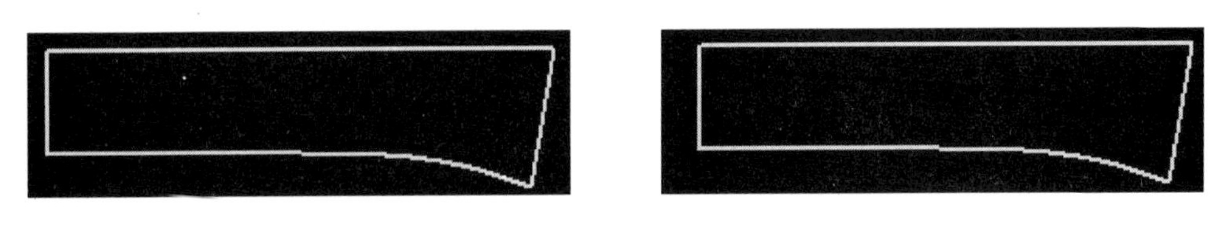

图 2－90　　图 2－91

上机实习

1. 应用服装 CAD 软件的打板系统,按照教材中所描述的步骤完成基础裙的 CAD 制图。

2. 应用服装 CAD 软件的打板系统,按照教材中所描述的步骤完成西裤的 CAD 制图。

3. 应用服装 CAD 软件的打板系统,按照教材中所描述的步骤完成衬衫的 CAD 制图。

习题

1. 应用服装 CAD 软件的打板系统,按照表 2－4 中的规格和图 2－92 所示的结构制图数据,参照教材中的制图步骤,完成基础连衣裙的 CAD 制图,号型为 160/84A。连衣裙为温州中级考证手工制板的要求。

表 2－4　　单位:cm

部位	衣长	胸围	肩宽
规格	90	86	35

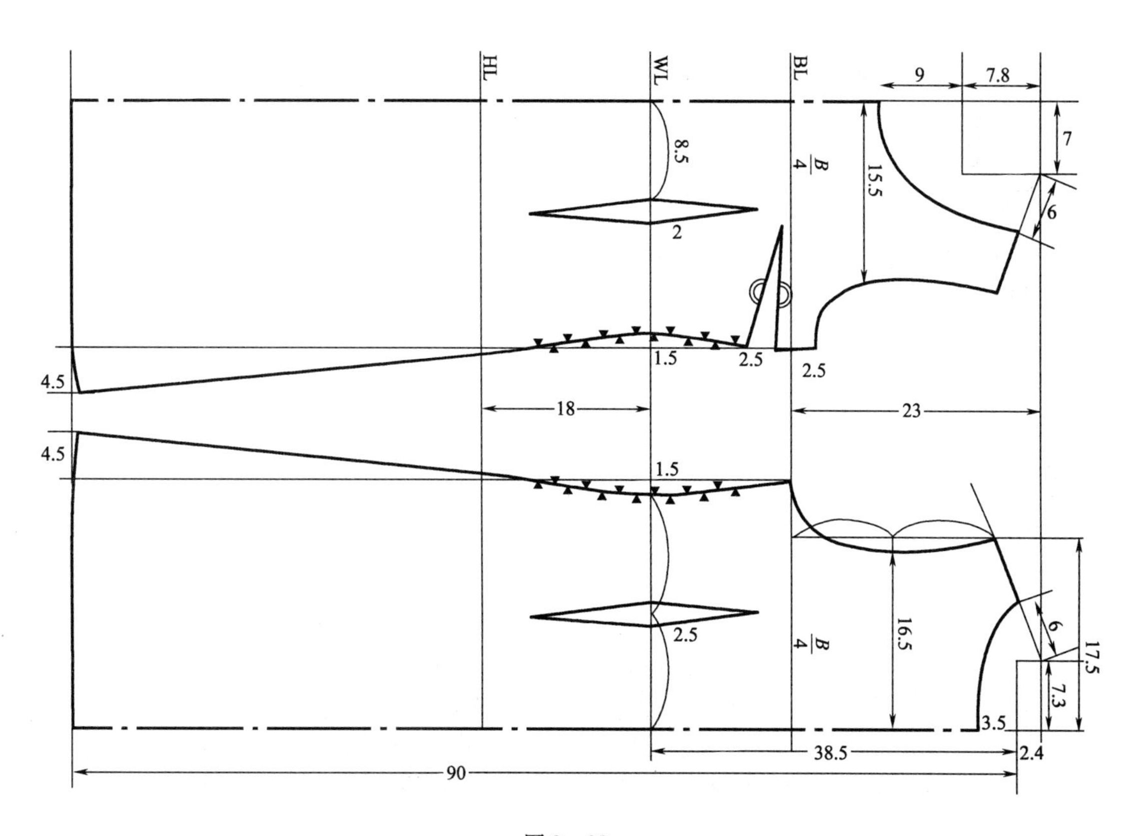

图 2－92

2. 应用服装 CAD 软件的打板系统，按照表 2－5 中的规格和图 2－93 所示的结构制图数据，参照教材中的制图步骤，完成中腰女式紧身裤的 CAD 制图，号型为 160/64A，上裆尺寸包括腰头宽。

表 2－5 单位：cm

部位	裤长	臀围	腰围	上裆	脚口	中裆	腰头宽
规格	102	88	64	24.5	20	42	3.5

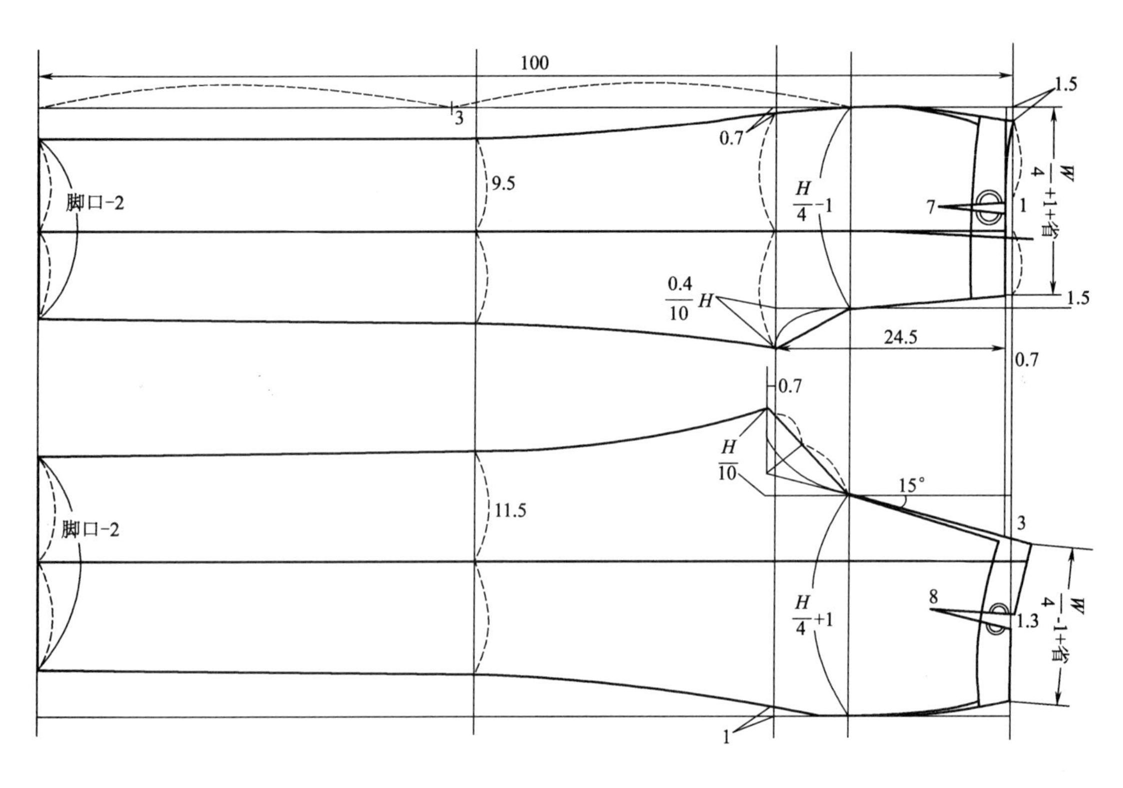

图 2－93

3. 应用服装 CAD 软件的打板系统，按照表 2－6 中的规格和图 2－94 所示的结构制图数据，参照教材中的制图步骤，完成西服的 CAD 制图，号型为 160/84A。西服为温州高级考证手工制板的要求。

表 2－6 单位：cm

部位	衣长	胸围	肩宽	袖长	袖口
规格	60	94	38	57	25

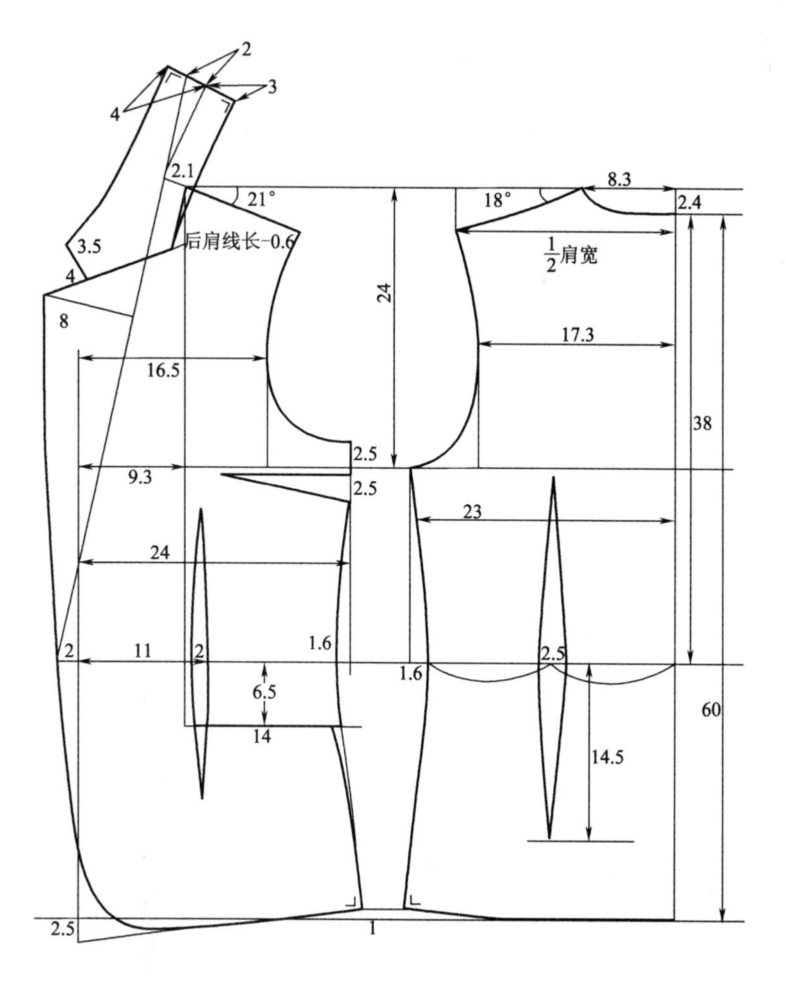
2
3
4
2.1
21°
3.5
4
后肩线长-0.6
8
24
18°
8.3
2.4
$\frac{1}{2}$肩宽
17.3
16.5
38
2.5
9.3
2.5
23
24
60
1.6
2
11
2
1.6
2.5
6.5
14
14.5
2.5
1

图 2－94

第三章　服装 CAD 结构变化

本章要点

灵活地应用结构变化制图项目所对应的各工具的功能和操作方法以及制图菜单中的各种制图命令。服装款式变化多样，结构变化的方法也各不相同，只有学会综合应用各种工具、操作方法和制图菜单中的各种命令，才能适应企业生产的需要。

本章难点

灵活地应用制图软件。

学习方法

用户可先依据本章节的文字描述进行学习和操作练习，如仍有不理解之处可以借助浙江省精品课程《服装 CAD》网站(http://jp.wzvtc.cn/wzcad)中的网络课堂下的教学视频进行学习。

第一节　基础裙 CAD 结构变化

一、基础裙 CAD 结构变化要求

用服装 CAD 软件按照所给定的款式和数据对基础裙进行结构变化，并保存制图结果。

1. 变化裙款式结构平面图如 3－1 图所示。款式说明：整体效果为包臀合体短裙，有两个腰头拼合的宽腰头；前片有两个弧形斜插袋；中心线上面装拉链，下面有一个暗裥；后片有两个单嵌线挖袋，后中心有分割线。

2. 变化裙（号型 160/66A）结构制图规格见表 3－1。

表 3－1　　单位：cm

部位	腰围	臀围	裙长
规格	66	90	43

3. 变化裙结构制图数据如图 3－2 所示。

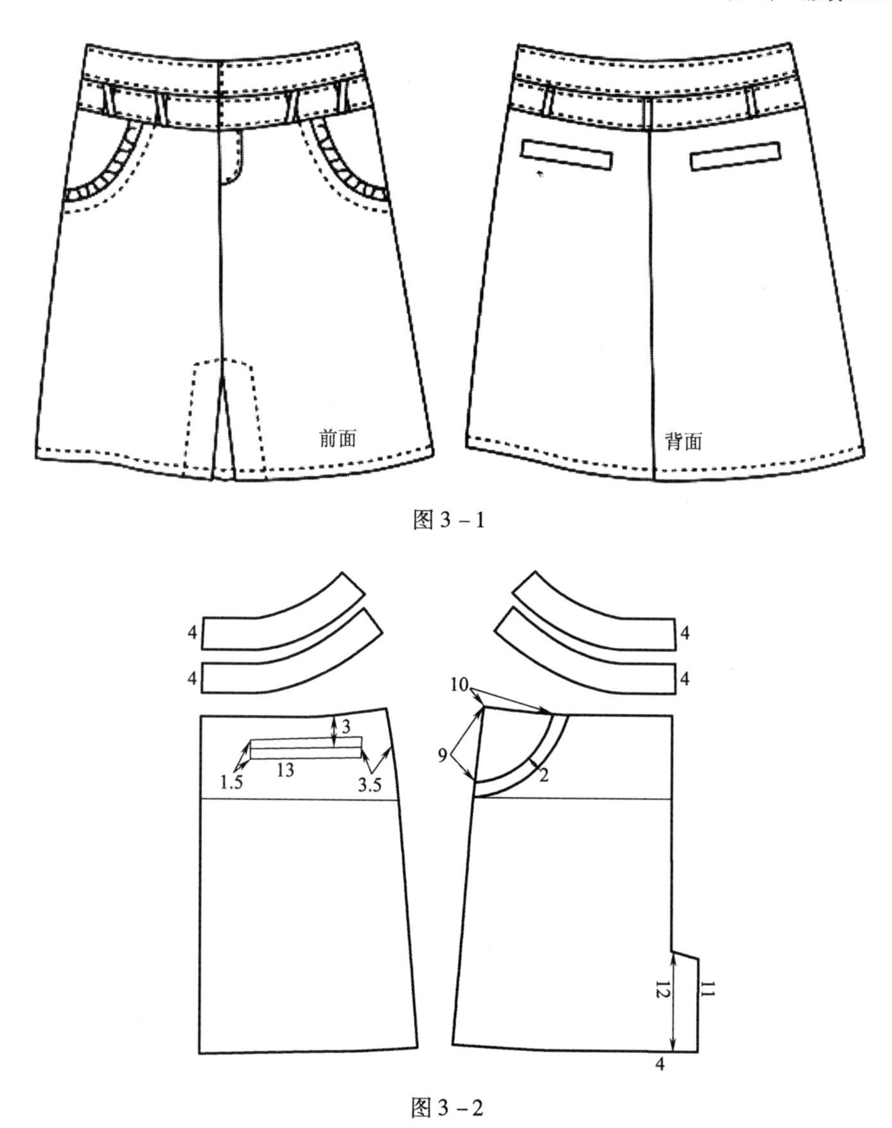

图 3－1

图 3－2

二、项目工具讲解

(一)本项目应用到的工具

1. 点捕捉功能键:F1、F2、F3、F9、F10、F11 等。

2. 绘图工具:智尊笔、平行线、修剪、矩形、断开、对齐、弯曲线段等工具。

(二)新工具和新操作讲解

1. 复制功能:先选中要复制的对象,再选择编辑菜单的复制选项(快捷键 Ctrl + C),然后将选中要复制的对象移动到其他位置(这样操作的原因是该软件默认的粘贴位置就是原先选中的对象的位置,不进行该步骤会导致样片的重叠),最后选择编辑菜单的粘贴选项(快捷键 Ctrl + V)。

2. 对齐工具:可以实现操作对象对齐移动,具体操作参照变化裙项目操作第 5 步骤。该操作在结构变化中经常使用,要熟练掌握其操作方法和特征。

三、项目操作步骤与图示

打开基础裙样板，即第二章第一节的制图结果。

1. 根据新的制图规格，修改基础裙样板，用平行线 工具，左键点击前中心线后向左平移，输入“0.5”并回车；左键点击后中心线后向右平移，然后输入“0.5”并回车；左键点击下摆线后向上平移，输入“13”并回车，操作结果如图 3 -3 所示（也可用笔工具完成该步骤）。

2. 选择修剪 工具，修剪掉多余线条得到新的样板（也可用笔工具完成该步骤）；选择移动工具，将前后片移开，再选择笔工具将缺线部分补齐，操作结果如图 3 -4 所示。

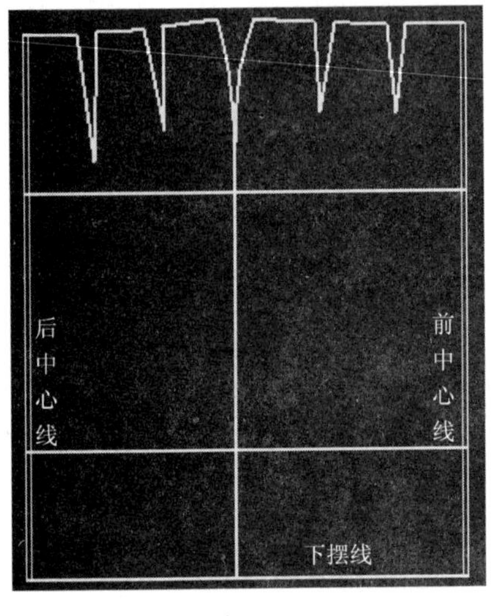

图 3 -3

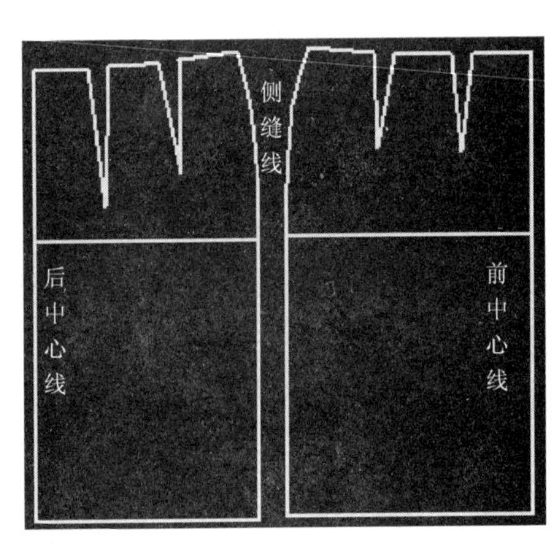

图 3 -4

3. 选择笔工具，选择 F9，输入“8”，左键点击后中心线上端，选择 F9，再点击后片侧缝线上端；在前片进行类似操作；用修改线段操作，参照腰围线圆顺刚才绘制的两条分割线，操作结果如图 3 -5 所示。

4. 选择修剪 工具，选中臀围线以上的所有线条，点击右键结束；用复制操作复制一份后，选择修剪 工具，修剪操作结果如图 3 -6 所示（也可用笔工具完成该步骤的修剪操作）。

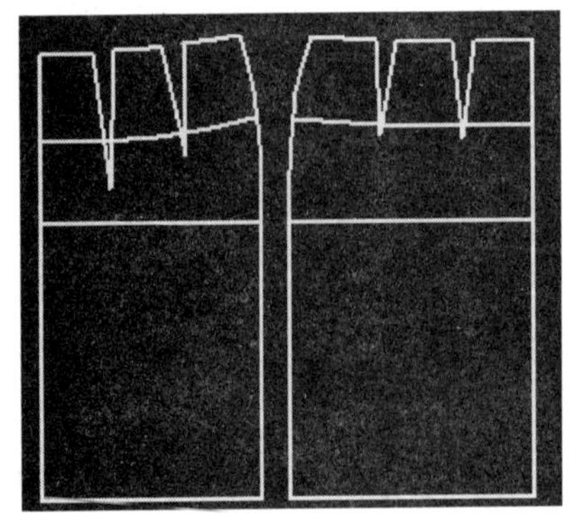

图 3 -5

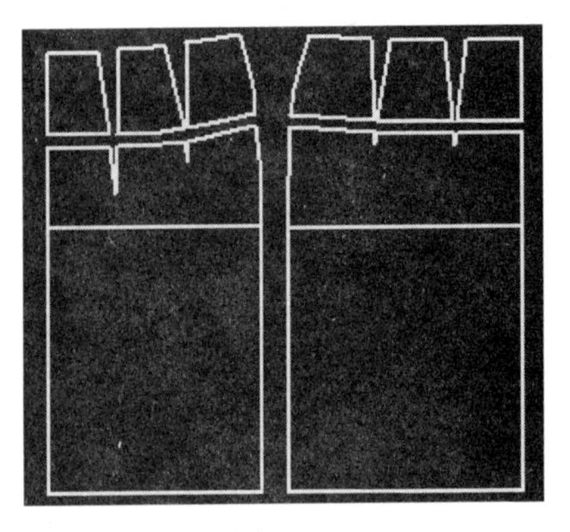

图 3 -6

5. 将后片育克部分放大如图3－7所示，选择对齐工具，左键点击育克中间样片所有线条，选中后点击右键，然后左键依次点击图3－7中的B、A、D、C点，操作结果如图3－8所示。用相同的操作将前后的育克片拼接起来，操作结果如图3－9。该操作的特点是，选中操作对象（如中间的育克样片）并点击右键后，要先点击选中样片的参考点，再点击对齐样片的参考点。

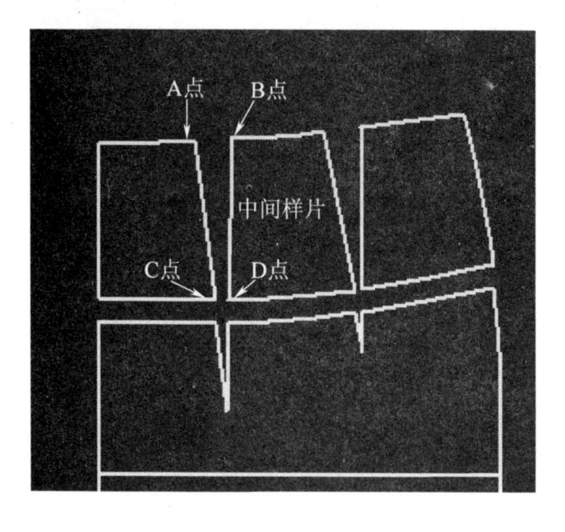

图3－7

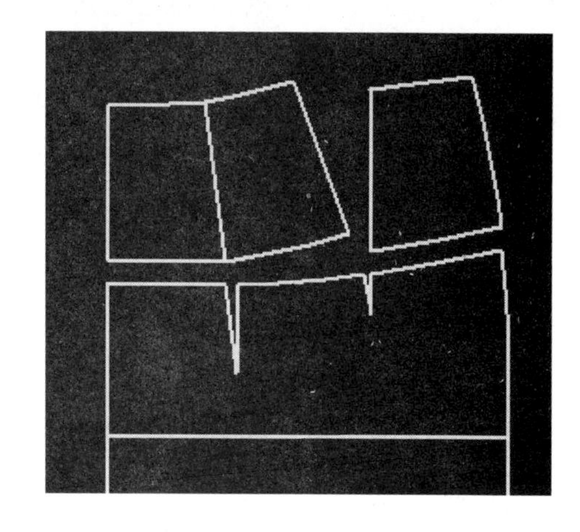

图3－8

6. 选择笔工具重新绘制育克片的腰围线和育克线，删除原先的拼接线；选择平行线工具，绘制腰带分割线。选择测量工具，测量出前裙片上的余省量（如0.4cm），再选择笔工具，选择F9，输入“0.4”并回车，移动鼠标至育克线侧缝端，左键点击；然后选择F11，左键点击图3－9中的A点，输入“－1.5，0.5”并回车，再重新绘制下摆线，操作结果如图3－10所示。

7. 将前后育克片复制；选择修剪工具，分割育克腰带，修剪和删除样片中多余线条，操作结果如图3－11所示（也可用笔工具完成该步骤）。

8. 参照图3－2中变化裙结构制图数据，应用笔、平行线、画圆、修剪、F9、修改线段等工具，绘制前片褶量、侧袋位置和后片后袋位置，操作结果如图3－12所示，保存项目结果。

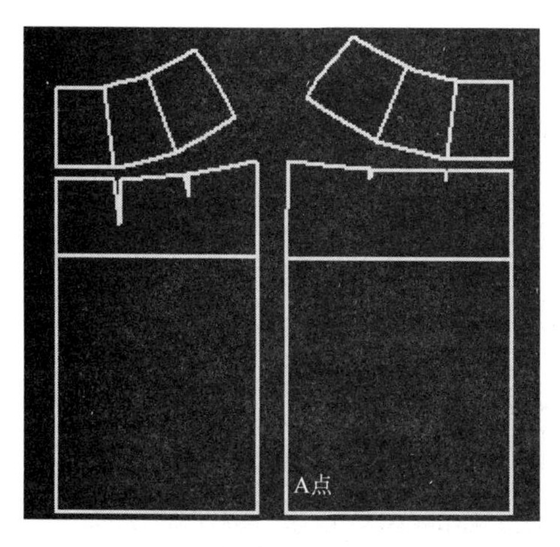

图3－9

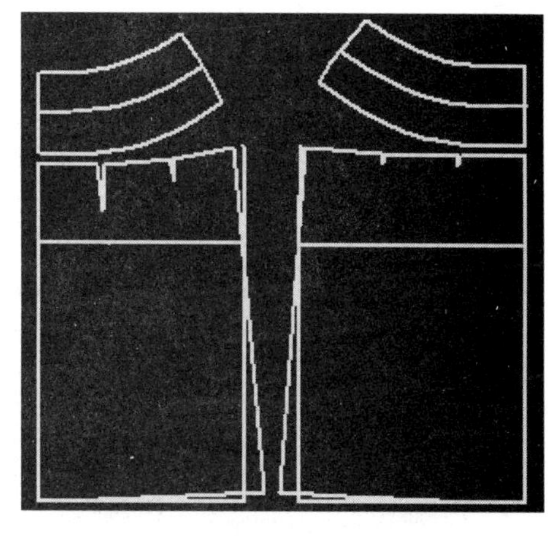

图3－10

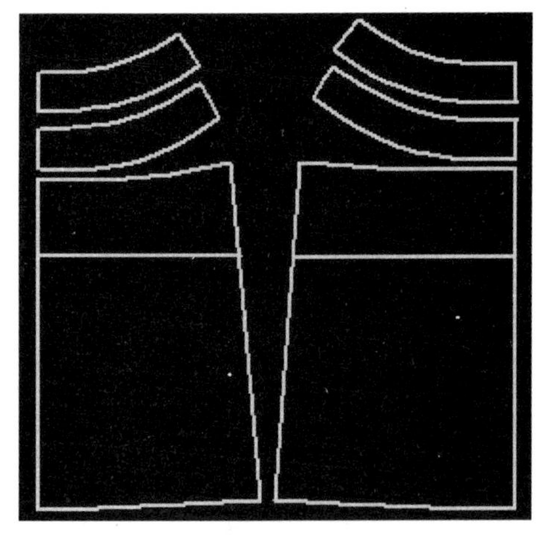

图 3－11

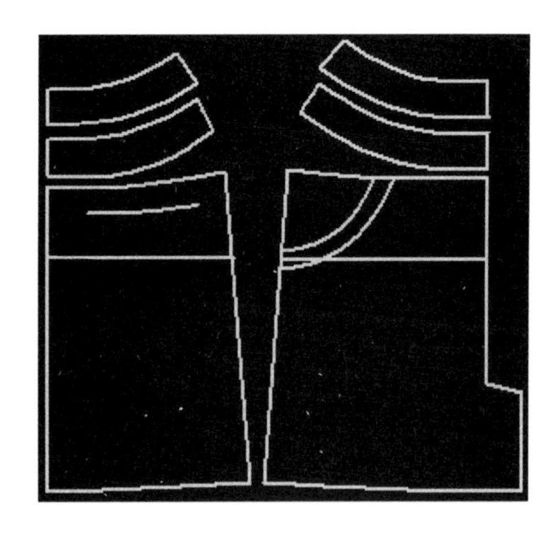

图 3－12

第二节 西裤 CAD 结构变化

一、西裤 CAD 结构变化一要求

1. 西裤款式结构平面图如 3－13 图所示。款式说明：此款为男西裤，前片左右各有一个省和一个活褶，侧缝处各有一个斜插袋，前中装拉链；后片左右各有一个省和一个横直袋。

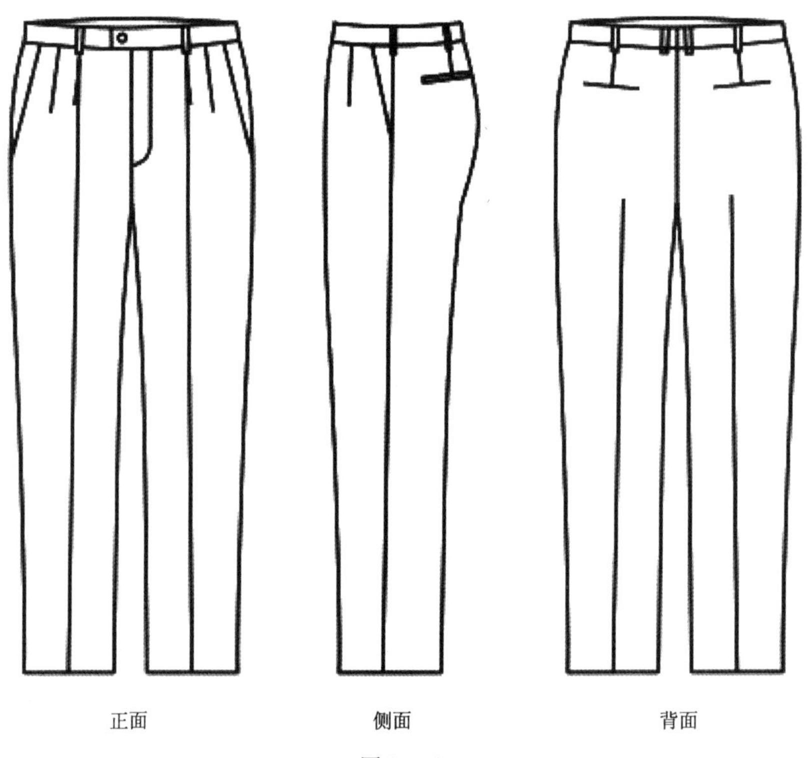

图 3－13

2. 西裤(号型170/74A)结构制图规格见表3－2。

表3－2

单位:cm

部位	裤长	臀围	腰围	上裆	脚口	腰头宽
规格	102	100	76	25	21	4

3. 西裤结构制图数据如图3－14所示。结构变化分析:上裆线以下部分与基础西裤相同,主要变化前片由直插袋变为斜插袋;后片由两个省变为一个省。

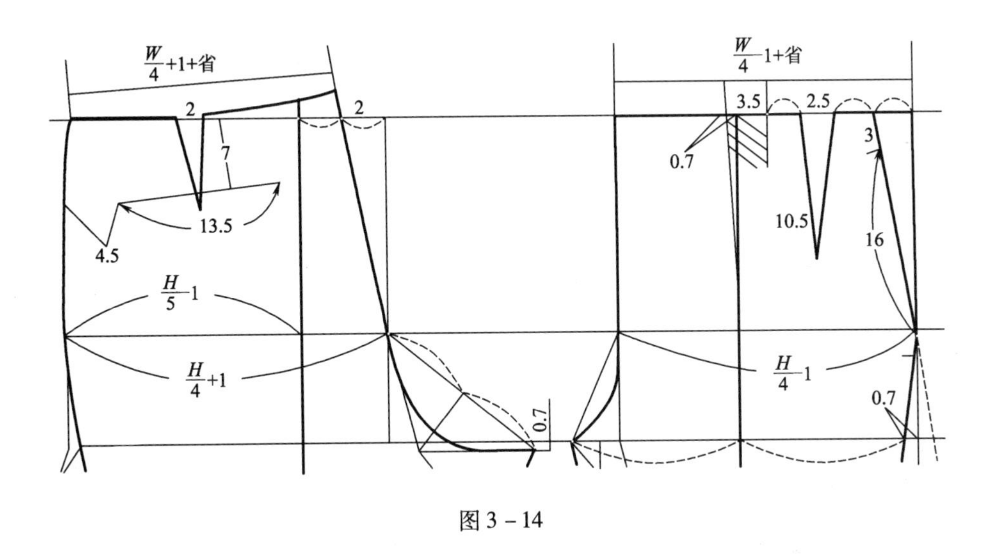

图3－14

二、项目工具讲解

(一)本项目应用到的工具

1. 点捕捉功能键:F1、F2、F3、F9、F10、F11等。

2. 绘图工具:智尊笔、矩形、平行线、断开、点移动、垂线、弯曲线段、开省、选择操作、移动、圆、角连接、延长、修剪等工具。

(二)新工具讲解

本节的新工具有测量工具。

测量检测工具▬:测量线条的长度,检测对比两组线条的差值。

1. 测量线条的长度:选中工具后,选择操作对象(可以选择多个),点击右键后再次点击右键即可,系统会将操作对象的长度总和显示出来。

2. 检测对比两组线条的差值:选中工具后,选择第一组操作对象(可以选择多个),点击右键;选择第二组操作对象(可以多个选择),再次点击右键,系统会将两次操作对象的长度以及两者间的差额都显示出来。

三、项目操作步骤与图示

打开基础西裤样板，即第二章第二节的制图结果。由于制图规格不变，西裤的款式变化都是针对上裆线以上部分，所以讲解时只给出上裆线以上部分的图例，上裆线以下部分结构不变。

（一）前裤片结构变化

1. 选择笔工具（或无工具状态），左键选择腰省及与省相接的两线段，按 Delete 键删除，保留前片的褶；选择笔工具，重新绘制前片褶到侧缝的腰围线，操作结果如图 3－15 所示。

2. 选择测量工具测量新绘制线条的长度（数据为 11.5cm）；然后通过计算"（11.5－2.5）/3"得到 3cm 数值，选择画圆工具，左键点击图 3－15 中的 A 点，输入"3"并回车；接着左键点击圆与腰围线的交点，输入"19"并回车，结果如图 3－16 所示。

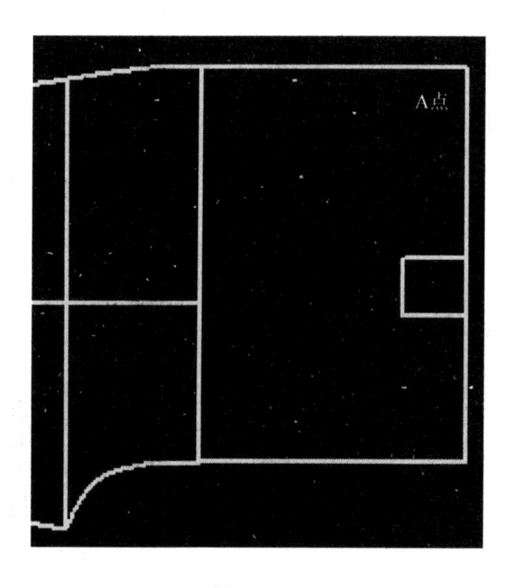

图 3－15

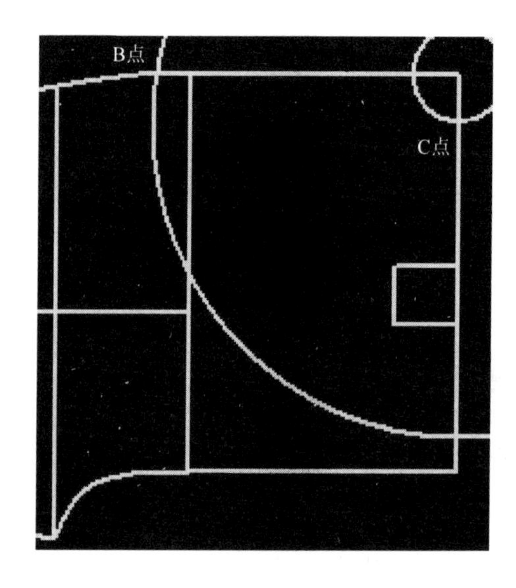

图 3－16

3. 选择笔工具，连接图 3－16 中的 B 点和 C 点，绘制斜插口袋线；选择断开工具，使侧缝线在 B 点断开，腰围线在 C 点断开；然后删除两个圆，结果如图 3－17 所示。

4. 选择笔工具，选择 F2，移动鼠标至腰围线开省部位，点击左键后，向右水平移动，输入"10.5"并回车，绘制前片省位线，点击右键结束；笔工具状态下，选择开省部位腰围线，将鼠标移向省位线，左键点击后输入"2.5"，回车确定，操作结果如图 3－18 所示。

5. 选择移动工具，选中斜插袋部分并点击右键，然后左键点击一个参考点后松开并移开，再点击左键即可移开样片；选择笔工具，补齐前片斜插袋袋口，操作结果如图 3－19 所示。

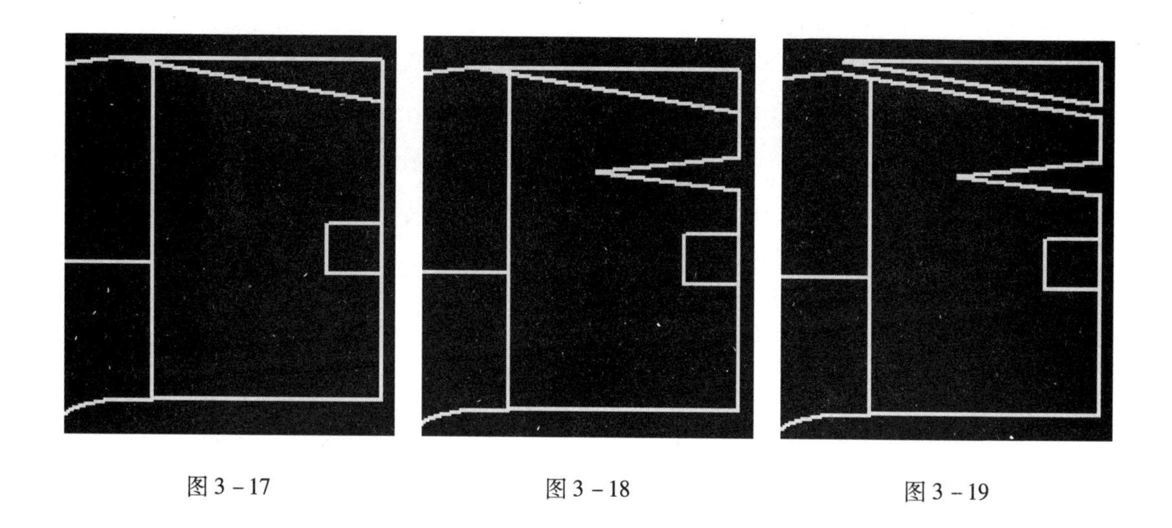

图3-17　　图3-18　　图3-19

(二)后裤片结构变化

1. 选择画圆工具,点击后片后裆弧线与腰围线的交点(图3-20中的A点),输入"22"并回车;选择笔工具,重新绘制后片腰围线及腰围到臀围的侧缝线,操作结果如图3-21所示。选择笔工具(或无工具状态),左键选择原来的腰省、腰围线、腰围到臀围的侧缝线以及圆,按Delete键删除,操作结果如图3-22所示。

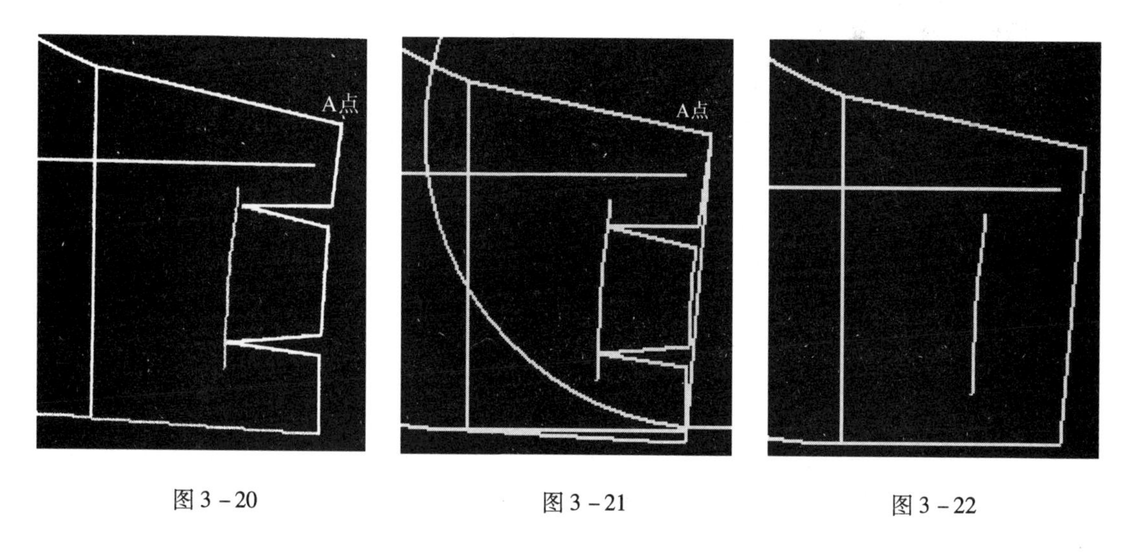

图3-20　　图3-21　　图3-22

2. 用修改线段操作,弯曲后片腰围线;选择垂线工具,左键点击腰围线,选择F2,移动鼠标至后片口袋线的中点并点击左键,向右移动鼠标至腰围线的另一侧,结果如图3-23所示。

3. 选择笔工具(或挖省工具),框选腰围线,移动鼠标至省位线,点击左键后输入"2"并回车,操作结果如图3-24所示,保存操作结果。

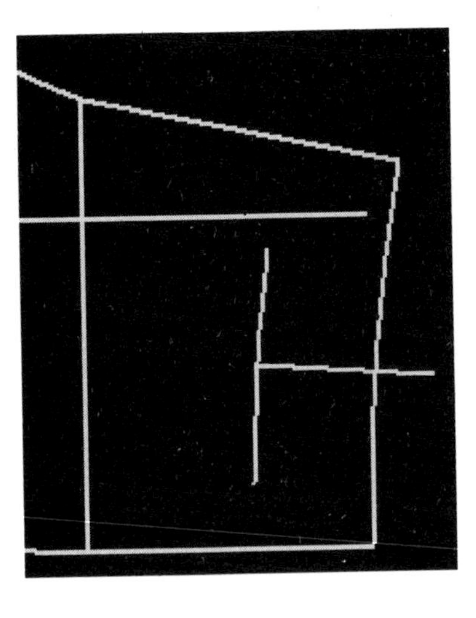

图 3 – 23

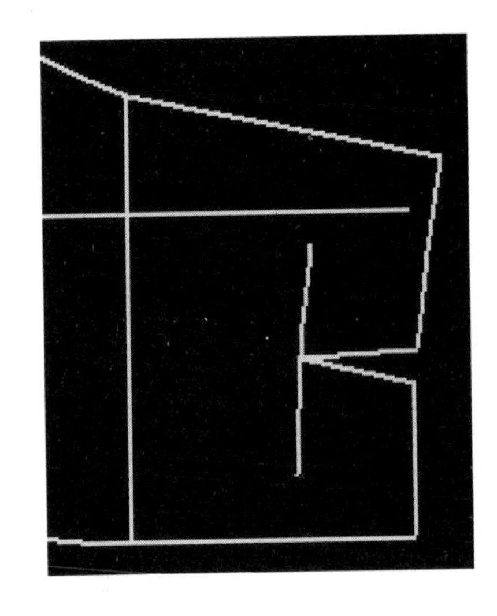

图 3 – 24

四、西裤 CAD 结构变化二要求

1. 西裤款式结构平面图如 3 – 25 图。款式说明:此款为男西裤,前片有一个活褶,侧缝有一个斜插袋;前中装拉链;后片有两个省和一个横直袋。

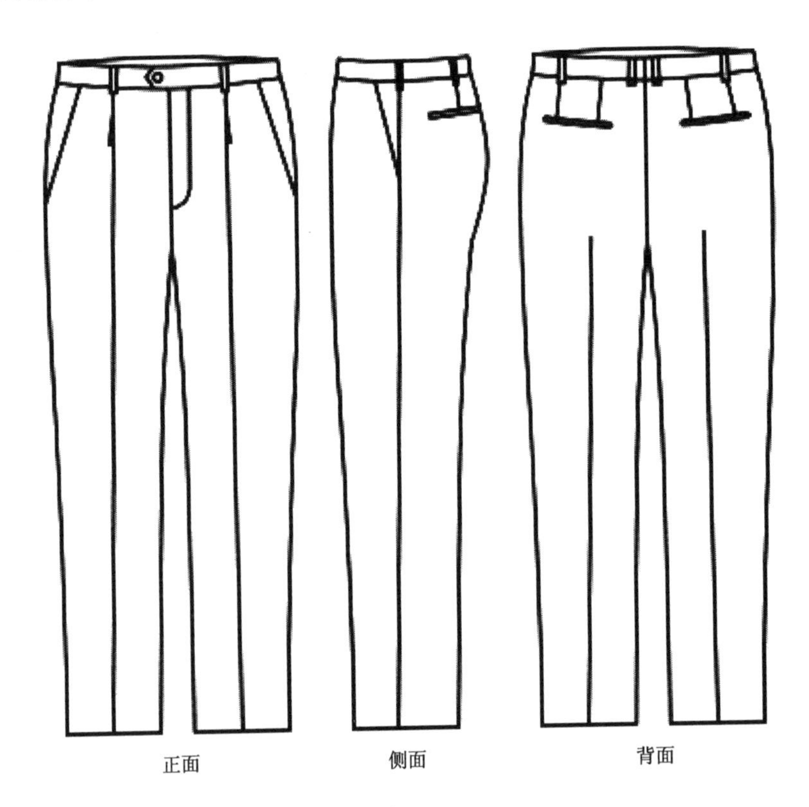

图 3 – 25

2. 西裤(号型170/74A)结构制图规格见表3－3。

表3－3

单位:cm

部位	裤长	臀围	腰围	上裆	脚口	腰头宽
规格	102	100	76	25	21	4

3. 西裤结构制图数据如图3－26所示。结构变化分析:上裆线以下部分与基础西裤相同,主要变化为前片少了一个省,直插袋变为斜插袋,后片在侧缝长度上要注意与前片对合。

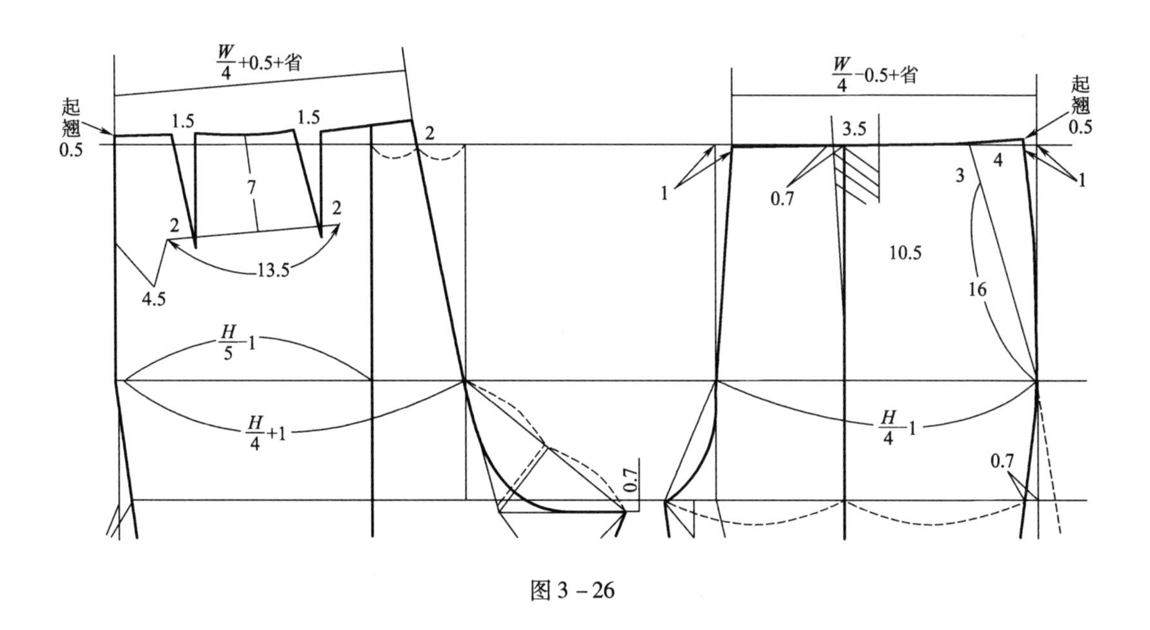

图3－26

五、项目工具讲解

本项目应用到的工具有以下几种。

1. 点捕捉功能键:F1、F2、F3、F9、F10、F11等。

2. 绘图工具:智尊笔、断开、点移动、垂线、弯曲线段、开省、选择操作、移动、角连接、延长、修剪等工具。

六、项目操作步骤与图示

打开基础西裤样板。由于制图规格不变,西裤的款式变化都是针对上裆线以上部分,所以讲解时只给出上裆线以上部分的图例,上裆线以下部分不变。

(一)裤前片结构变化

1. 原西裤前片上裆线以上部分如图3－27。选择点移动工具,左键点击西裤前裆弧线与腰围线的交点(A点),输入“0,1”并回车;左键点击侧缝线与腰围线的交点(B点),输入“0.5, -1”并回车,操作结果如图 3-28 所示。

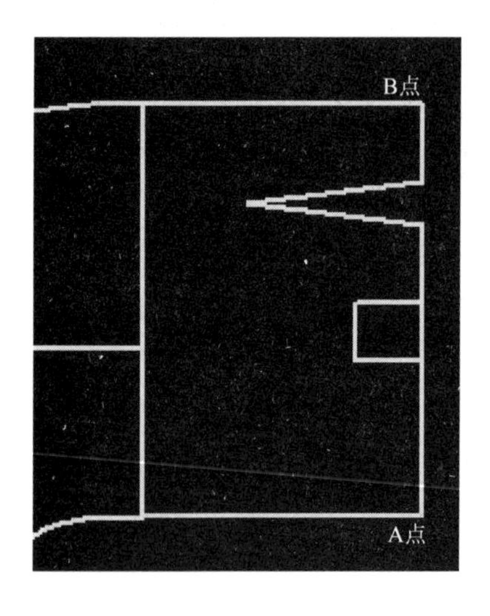

图 3-27

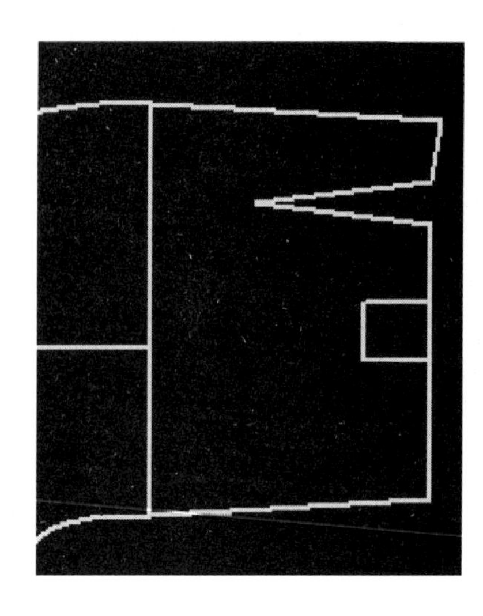

图 3-28

2. 选择笔工具,在空白处点击右键进入无工具状态,双击腰围线到臀围线之间的侧缝线,左键点击该线并向上移动,调圆顺侧缝线;然后选择原来的腰省、褶以上的腰围线,按 Delete 键删除,操作结果如图 3-29 所示。

3. 选择笔工具,重新连接腰围线,右键两次结束;再次点击右键进入无工具状态,双击新绘制的这段腰围线,点击该线并向左移动,圆顺腰围线,操作结果如图 3-30 所示。

4. 选择画圆工具,点击腰围线和侧缝线的交点(图 3-30 的 A 点),输入“4”并回车,移动鼠标至腰围线的上端,左键点击后输入“19”并回车,结果如图 3-31 所示。选择笔工具,连接斜插袋的口袋线;然后删除两个圆,操作结果如图 3-32 所示。

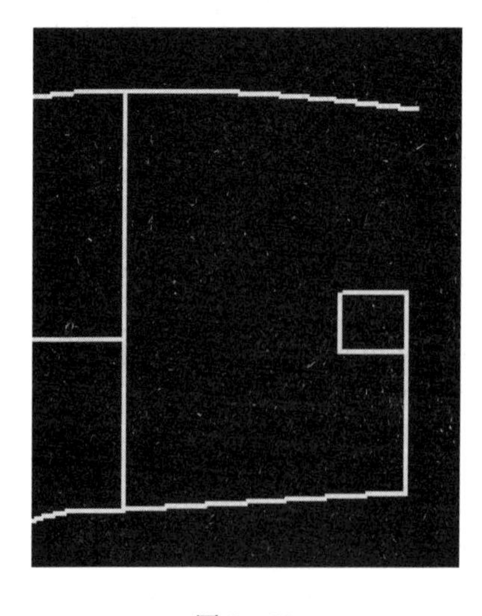

图 3-29

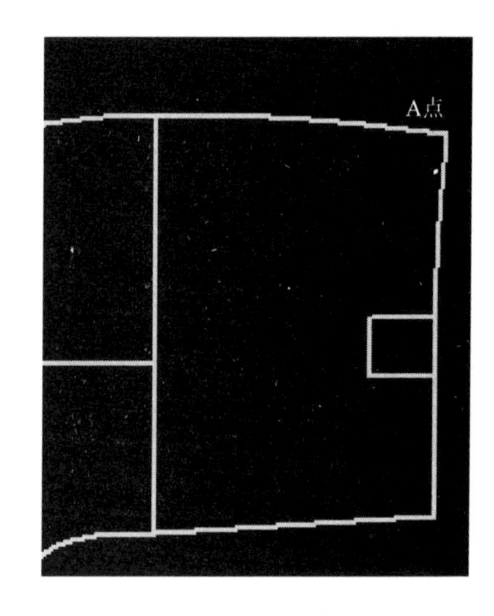

图 3-30

图3－31

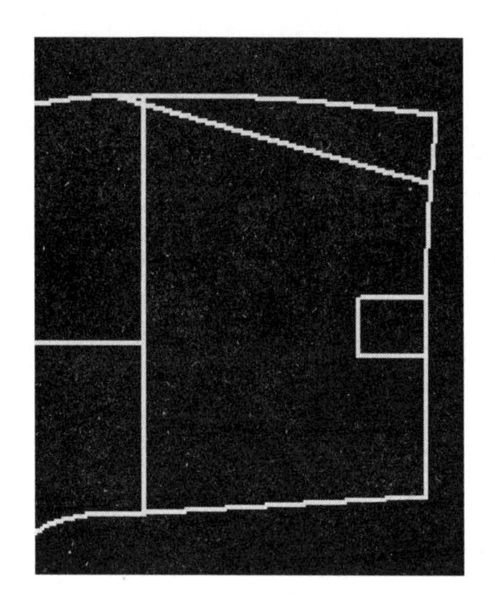

图3－32

(二)裤后片结构变化

1. 原西裤后片上裆线以上部分如图3－33所示。由于前片起翘了0.5cm，所以尽管后片在款式上没变化，但在结构数据上仍有调整。选择点移动工具，左键点击侧缝线与腰围线的交点（A点），输入“0.5，0”并回车；选择笔工具，重新连接腰围线，操作结果如图3－34所示。

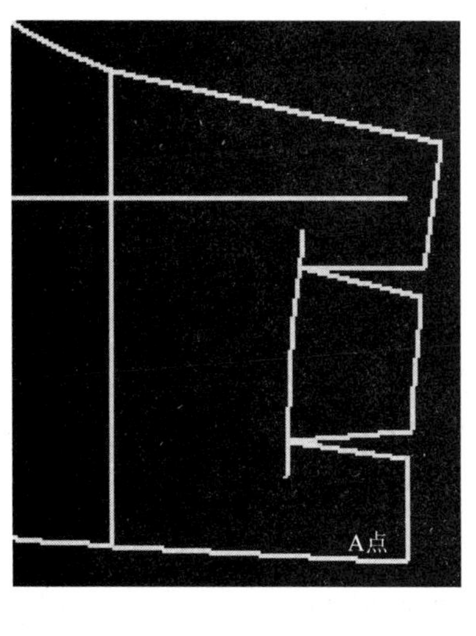

图3－33

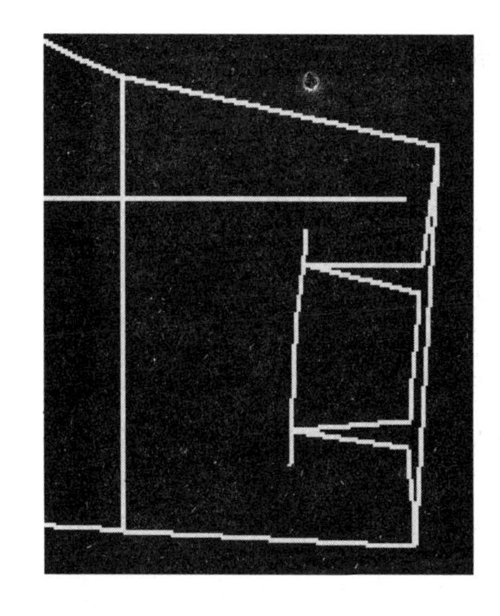

图3－34

2. 选择笔工具，在空白处点击右键进入无工具状态，选择原先的腰省和腰围线，按Delete键删除；在空白处点击右键进入无工具状态，左键双击新绘制的腰围线，点击该线并向左移动，圆顺腰围线，操作结果如图3－35所示。

3. 选择垂线工具,左键点击腰围线,选择 F9,输入“2”并回车,移动鼠标至后片口袋线的上端并点击左键,向右移动鼠标至腰围线的另一侧,类似操作两次画好省位线,结果如图 3 - 36 所示。

4. 选择笔工具(或挖省工具),框选腰围线,移动鼠标至省位线,点击左键后输入“1.5”并回车,操作两次后结果如图 3 - 37 所示,保存操作结果。

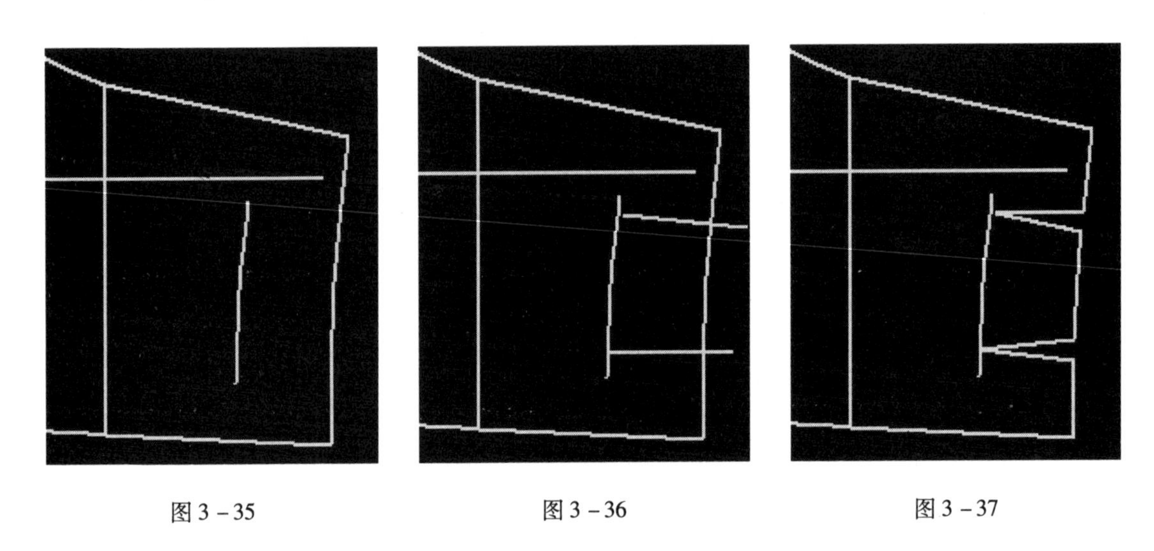

图 3 - 35　　图 3 - 36　　图 3 - 37

第三节　衬衫 CAD 结构变化

一、衬衫 CAD 制图一要求

用服装 CAD 软件按照所给定的衬衫款式和数据进行制图,并保存制图结果。本项目为温州市(高级)服装样板设计制作工职业技能考核,服装 CAD 部分的考核要求之一。

1. 衬衫款式结构平面图如 3 - 38 所示。款式说明:此款为女衬衫,前片有刀背形分割线,采用装门襟。女衬衫结构变化的重点和难点主要在前片上。由于篇幅有限,所以后片、领子和袖子就不做变化。

2. 衬衫(号型 160/88A)结构制图规格见表 3 - 4。

表 3 - 4　　单位:cm

部位	衣长	胸围	领口	肩宽	袖长	袖口
规格	60	90	42	38	57	22

3. 衬衫结构制图数据如图 3 - 39 所示。

图3-38

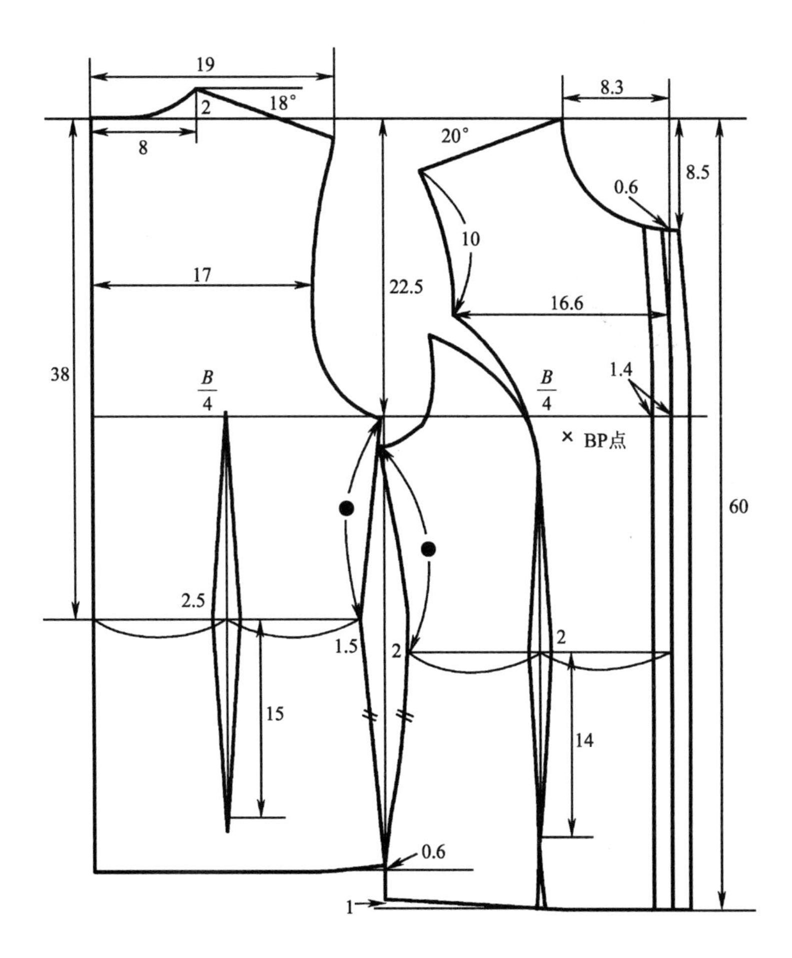
19
2
18°
8
38
17
22.5
20°
10
8.3
8.5
0.6
16.6
B
4
B
4
1.4
× BP点
60
2.5
1.5
2
2
15
14
0.6
1

图3-39

二、项目工具讲解

本项目应用到的工具如下。

1. 点捕捉功能键：F1、F2、F3、F9、F10、F11 等。

2. 绘图工具：笔工具、修剪、对齐工具、复制操作及修改线段操作等。

三、项目操作步骤与图示

打开基础衬衫样板，即第二章第三节的制图结果（图 2－68）。通过款式变化分析，新款女衬衫的款式变化的重点和难点基本在前片上。

1. 复制衬衫前片，然后选择笔工具，绘制刀背形分割线并用修改线段操作调整圆顺，结果如图 3－40 所示。

2. 将步骤 1 的操作结果复制一份，然后用删除和修剪工具，分别得到刀背形分割线左侧和右侧的两个样片，结果如图 3－41 所示。

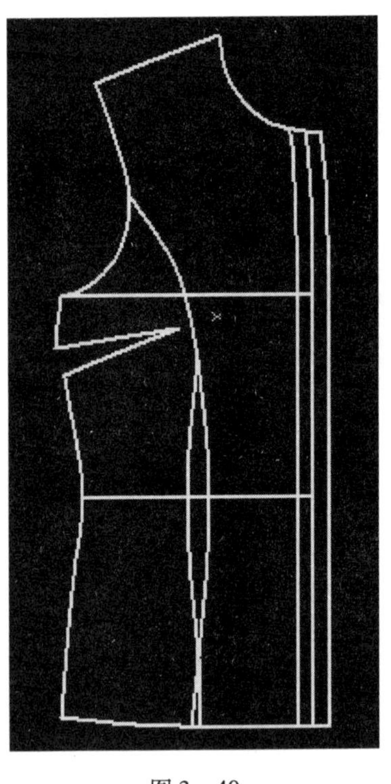

图 3－40

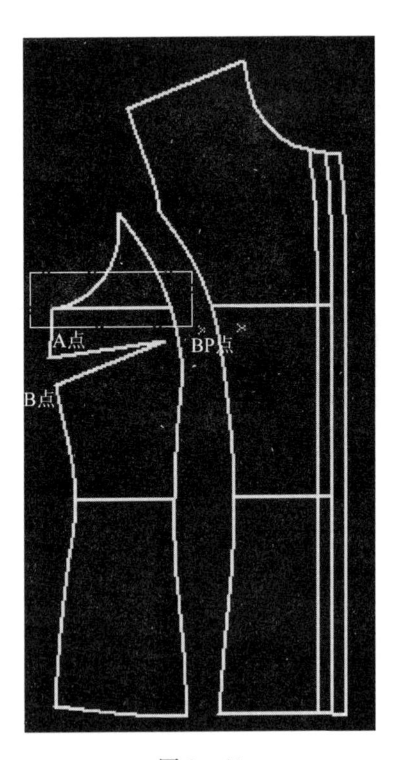

图 3－41

3. 对图 3－41 所示的左侧样片进行操作，选择对齐工具，然后在 BP 点附近按住左键并从右下往左上拖动出如图 3－41 所示的虚框，选中侧片省线以上的线条（也可用点选的方式选择）后点击右键，接着左键点击 A 点后再左键点击 B 点，然后双击 BP 点，操作结果如图 3－42 所示。

4. 在无工具状态下选中原先的省线，按 Delete 键删除；用点移动和修改线段功能重新连接侧片的分割线并调整圆顺，操作结果如图 3－43 所示，保存操作结果。

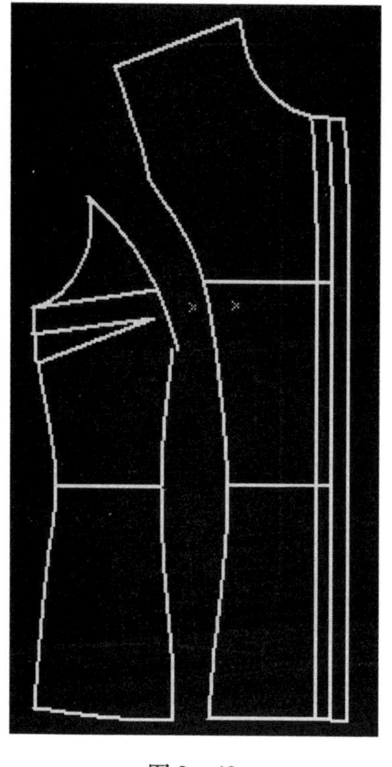

图 3－42

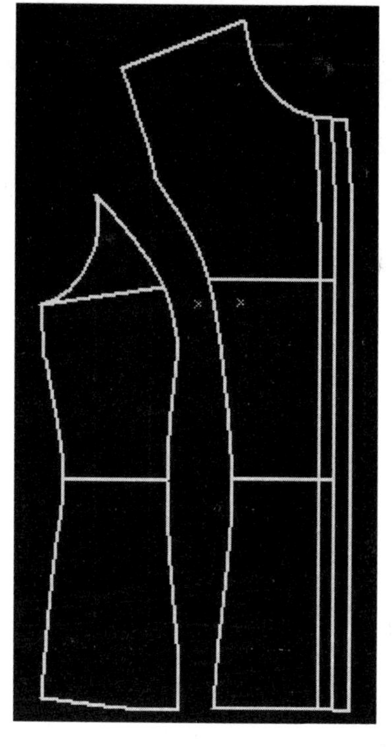

图 3－43

四、衬衫 CAD 结构变化二要求

1. 衬衫款式结构平面图如 3－44 所示。款式说明：此款为女衬衫，前片有公主线；胸至肩部位有抽褶设计。结构变化的重点和难点主要在前片上，其他样片不做变化。

图 3－44

2. 衬衫(号型160/88A)结构制图规格表3-5。

表3-5

单位:cm

部位	衣长	胸围	领口	肩宽	袖长	袖口
规格	60	90	42	38	57	22

3. 衬衫结构制图数据如图3-45所示。

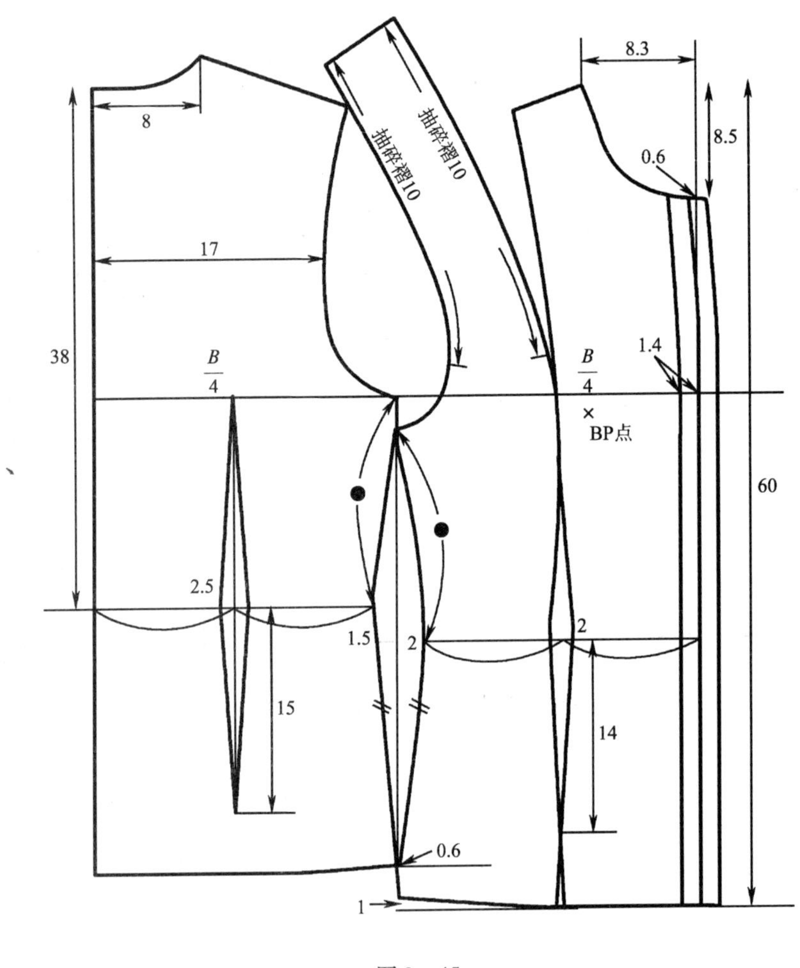

图3-45

五、项目工具讲解

本项目应用到的工具如下。

1. 点捕捉功能键:F1、F2、F3、F9、F10、F11等。

2. 绘图工具:智尊笔、复制、删除、修剪、对齐、平行线、点移动、测量工具及修改线段操作等。

六、项目操作步骤与图示

打开基础衬衫样板,即第二章第三节的制图结果(图2-68)。

1. 复制衬衫前片,然后选择笔工具,绘制公主线并调整圆顺,操作结果如图3-46所示。

2. 将步骤1操作的前片复制一份,然后用删除和剪切工具,分别得到公主线左侧和右侧的两个样片,结果如图3-47所示。

3. 选择对齐工具,将图3-47中的省道对齐合并(操作步骤与上一项目步骤3相同),操作结果如图3-48所示。

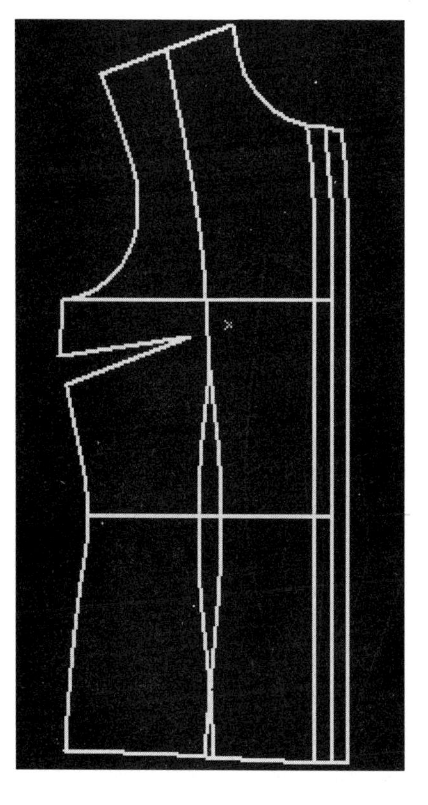

图3-46

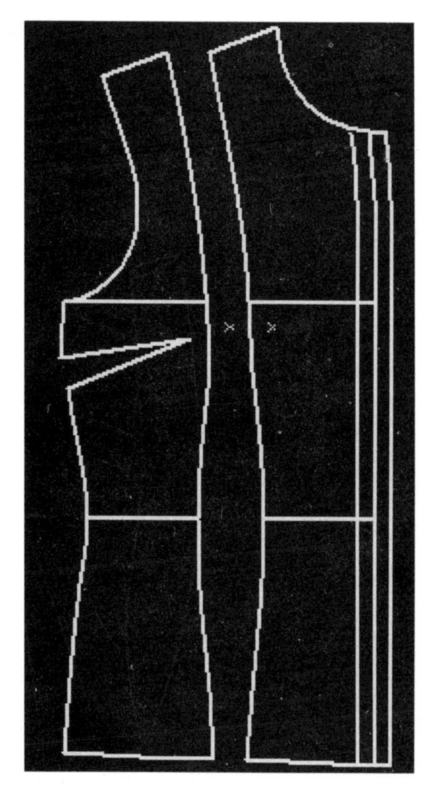

图3-47

4. 在无工具状态下选中原先的省线,按Delete键删除;用点移动工具和修改线段功能重新连接侧片的分割线并调整圆顺,操作结果如图3-49所示。

5. 选择平行线或笔工具,将侧片的胸围线平行上移5cm,作为抽褶截止点的位置;将侧片的肩线向外平移10cm,作为抽褶量,操作结果如图3-50所示。

6. 在无工具状态下双击分割线,将端点移至新肩线的对应点,重新圆顺分割线;袖窿弧线的处理方式类似;修改抽褶截止点的形式,操作结果如图3-51所示,保存操作结果。

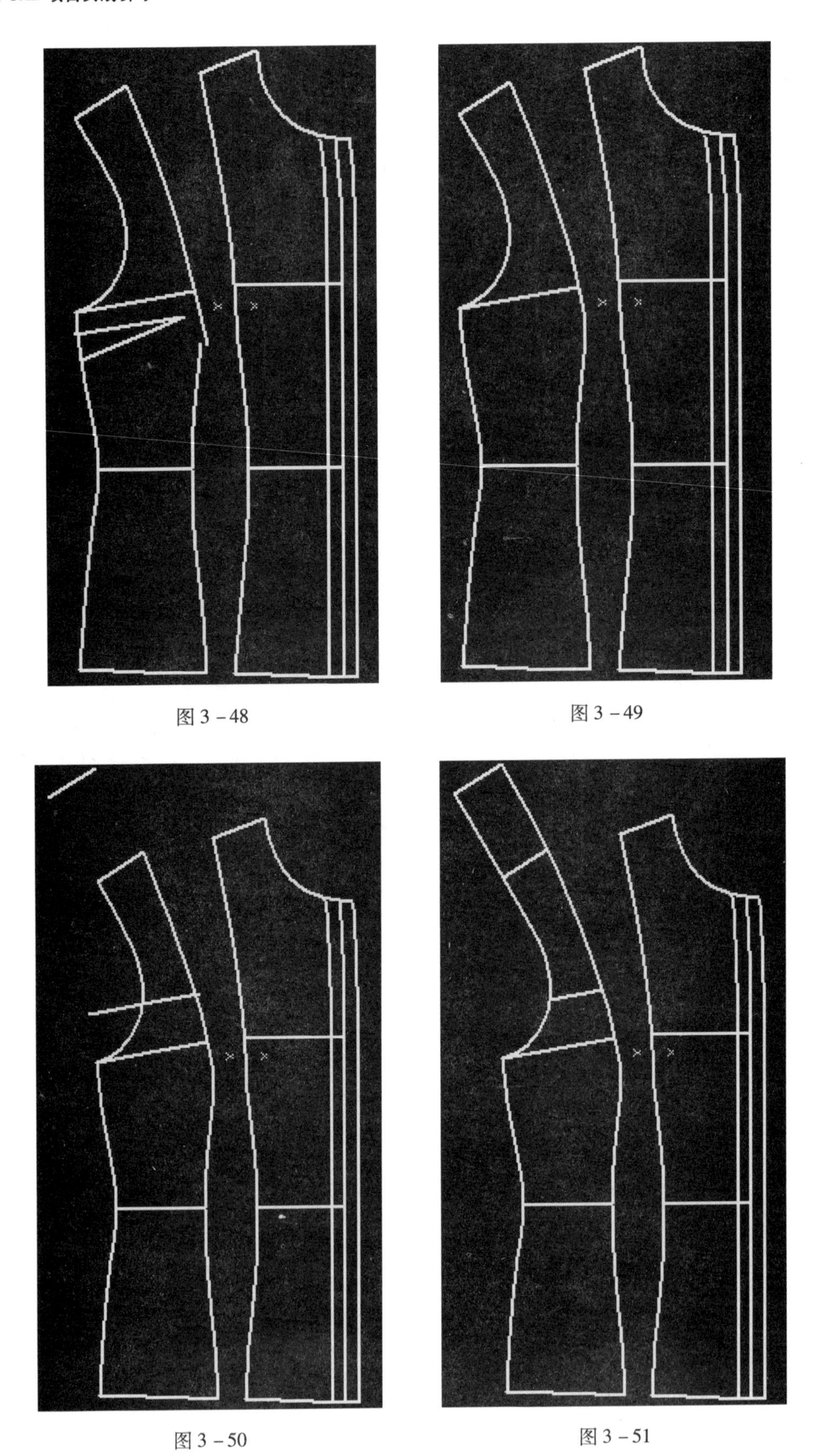

图 3－48

图 3－49

图 3－50

图 3－51

上机实习

1. 应用服装 CAD 软件的打板系统,按照教材中所描述的步骤完成变化裙的 CAD 制图。

2. 应用服装 CAD 软件的打板系统,按照教材中所描述的步骤完成西裤的 CAD 制图。

3. 应用服装 CAD 软件的打板系统,按照教材中所描述的步骤完成衬衫的 CAD 制图。

习题

1. 应用服装 CAD 软件的打板系统,按照图 3－52 和 3－53 所示的款式图,参照教材中的结构变化步骤,完成变化裙的 CAD 制图(注意:本题要应用到镜像工具,镜像工具的应用操作在本书第四章第四节)。

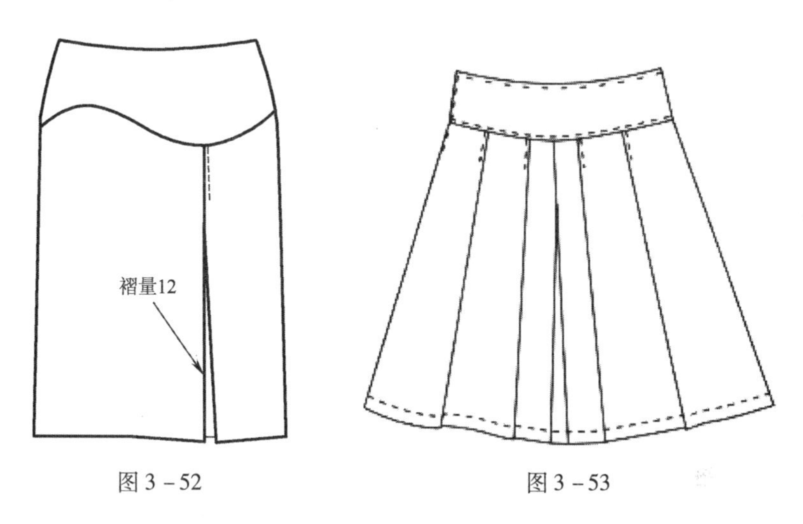

图 3－52　　图 3－53

2. 应用服装 CAD 软件的打板系统,按照图 3－54 所示的款式图,参照教材中的结构变化步骤,完成变化连衣裙的 CAD 制图。

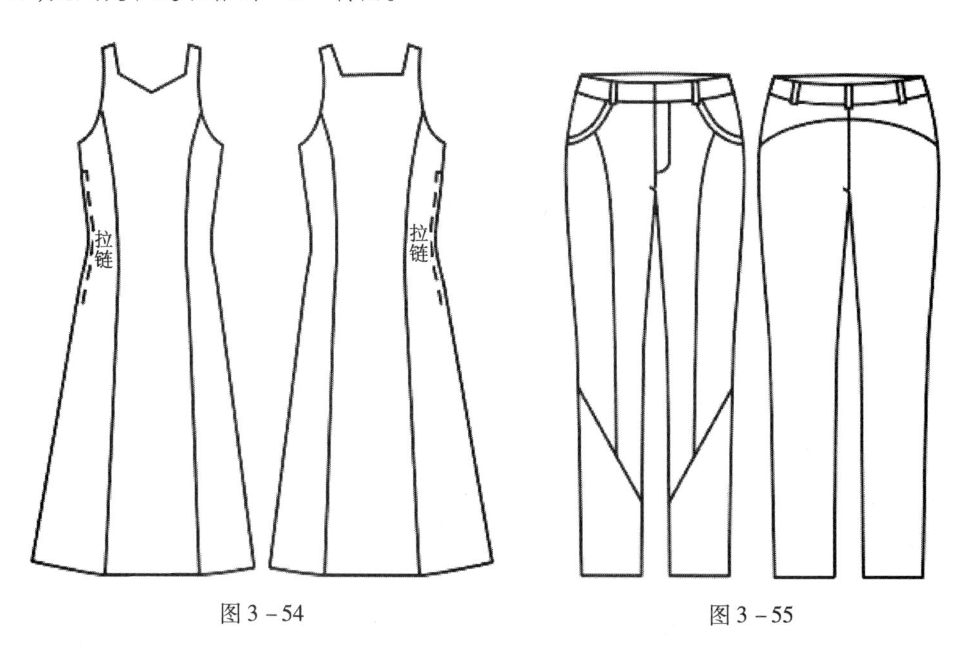

图 3－54　　图 3－55

3. 应用服装 CAD 软件的打板系统，按照图 3－55 所示的款式图，参照教材中的结构变化步骤，完成变化紧身裤的 CAD 制图。

4. 应用服装 CAD 软件的打板系统，按照图 3－56 所示的款式图，参照教材中的结构变化步骤，完成变化女西装的 CAD 制图。

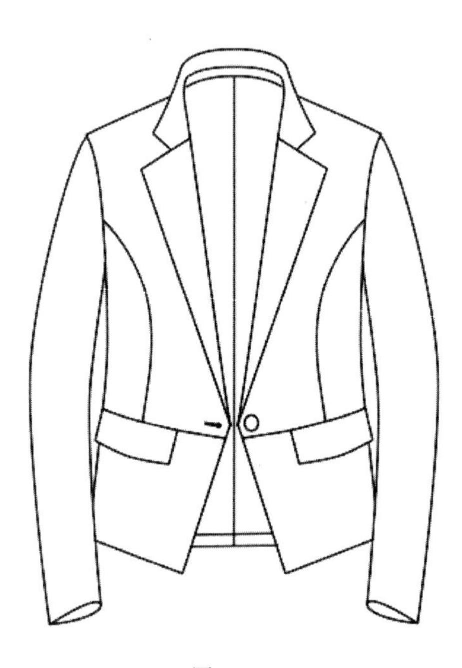

图 3－56

第四章 服装 CAD 样板处理

本章要点

学习和掌握样板处理所对应的各工具的功能和操作方法以及制图菜单中的基本制图命令。通过多个样板处理的实战练习,实现灵活地应用样板处理各工具的功能和操作方法。

本章难点

灵活地应用样板处理工具。

学习方法

用户可先依据本章节的文字描述进行学习和操作练习,如仍有不理解之处可以借助浙江省精品课程《服装 CAD》网站(http://jp.wzvtc.cn/wzcad)中的网络课堂下的教学视频进行学习。

第一节 基础裙 CAD 样板处理

一、基础裙 CAD 样板处理要求

基础裙款式实物照片如图 2－1 所示,款式结构平面图如 2－2 图所示。

1. 由读者用服装 CAD 制图软件按照所给的完整的基础裙净样制图,面料净样结构如图 4－1 所示,里料净样结构如图 4－2 所示。

2. 对基础裙所有样片进行设定样片和放缝操作,得到基础裙的毛样板。面料毛样结构如图 4－3 所示,里料毛样结构如图 4－4 所示,保存放缝结果。

二、项目工具讲解

(一)本项目应用到的工具和操作

1. 放缝工具:缝边、段差、样片对称展开、插入刀口等工具。

2. 放缝操作:样片设定和省山设定等。

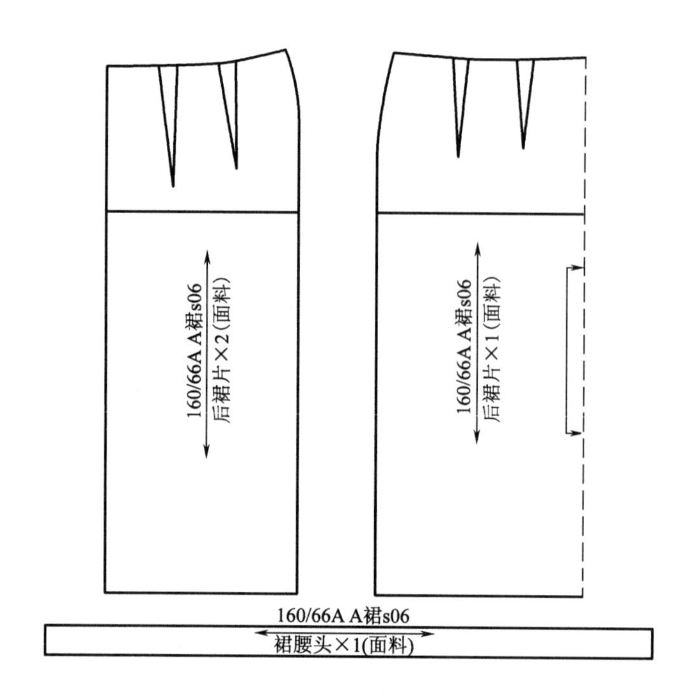
160/66A A裙s06
后裙片×2(面料)
160/66A A裙s06
后裙片×1(面料)
160/66A A裙s06
裙腰头×1(面料)

图 4－1

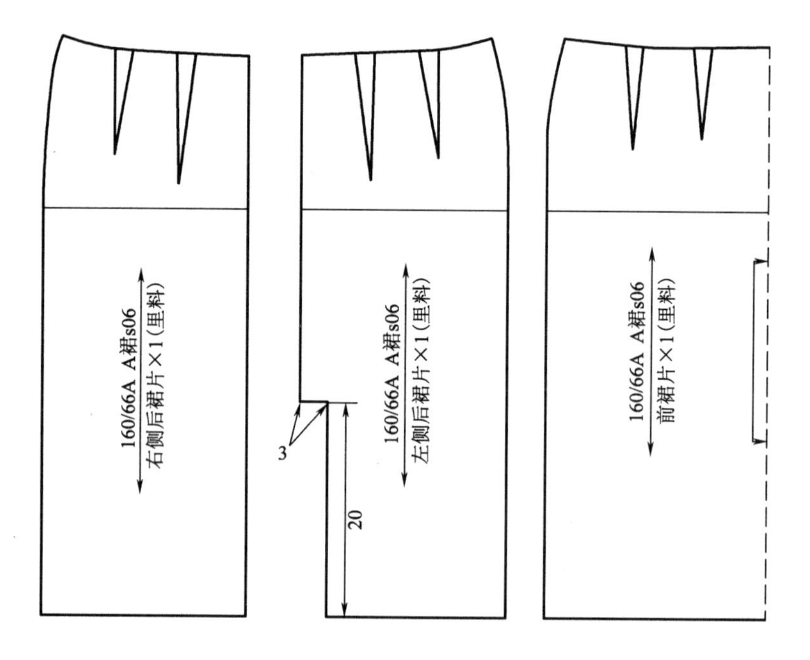
160/66A A裙s06
右侧后裙片×1(里料)
3
20
160/66A A裙s06
左侧后裙片×1(里料)
160/66A A裙s06
前裙片×1(里料)

图 4－2

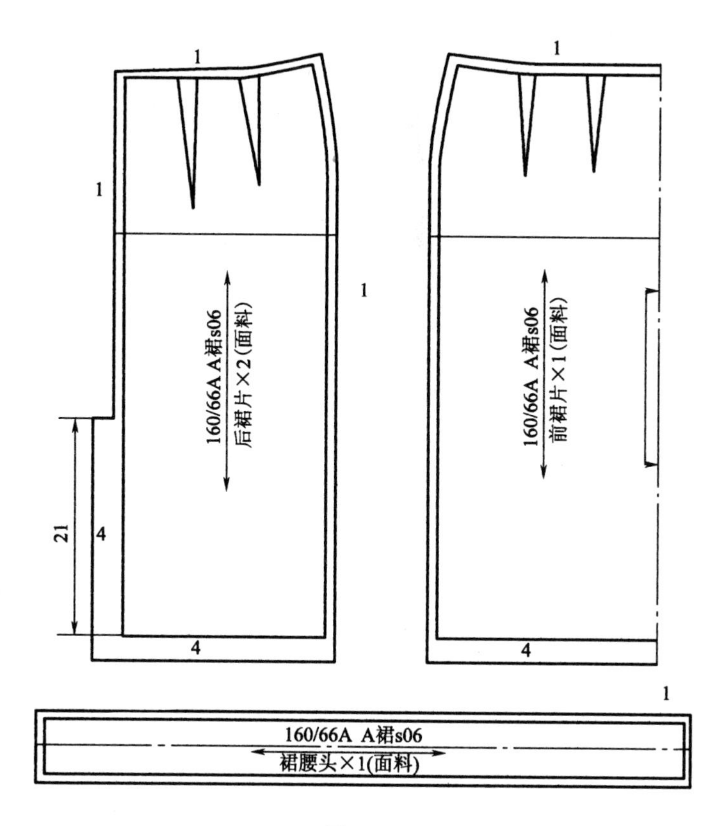

1
1
1
1
1
21
4
4
4
160/66A A裙s06
后裙片×2(面料)
160/66A A裙s06
前裙片×1(面料)
160/66A A裙s06
裙腰头×1(面料)

图 4－3

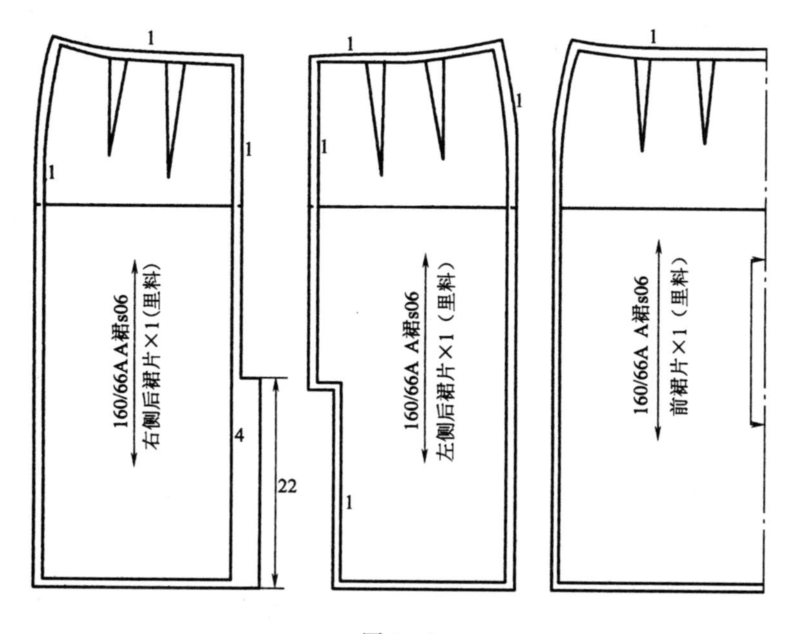

1
1
1
1
1
1
1
1
4
22
1
160/66A A裙s06
右侧后裙片×1(里料)
160/66A A裙s06
左侧后裙片×1(里料)
160/66A A裙s06
前裙片×1(里料)

图 4－4

(二)新工具和新操作讲解

本节所用到的工具和操作都是之前没有涉及的新工具和新操作。

1. 缝边：选择工具后，按照提示选择放缝的样片或净样边(可以依次选择多条)，点击右键结束选择，然后输入放缝量并回车，再点击右键即可。

2. 段差：对同一净样边但放缝量不相同时使用，具体操作详见项目操作步骤。

3. 样片对称展开：选择工具后，按照提示左键点击对称展开线即可。

注意事项：样片对称展开的中心轴必须是一条连续的线段，中间不能断开，并且样片要先完成对称展开再放出缝份，顺序不能颠倒。

4. 插入刀口：对需要对位的点打刀口(只对样片操作有效)。

选择工具后，左键点击打刀口的位置，有时可以配合 F9 一起使用。

5. 样片设定：从草图中提取出并生成样片，只有样片才能进行放缝、放码和排料操作。

选择闭合的图形和参考线，然后进行样片的提取和设定，具体操作详见项目操作步骤。

6. 省山设定：将样片中的省做出封闭形的省山，具体操作详见项目操作步骤。

三、项目操作步骤与图示

打开基础裙样板，按照图 4-1、图 4-2 所示的面里料净样结构要求，完成 CAD 净样制图，操作结果如图 4-5 所示。要注意样片对称展开的中心轴必须是一条连续的线段，中间不能断开。所以前裙片的中心线必须是一条连续的线段，中间不能断开。

图 4-5

(一)后裙片样片设定与放缝

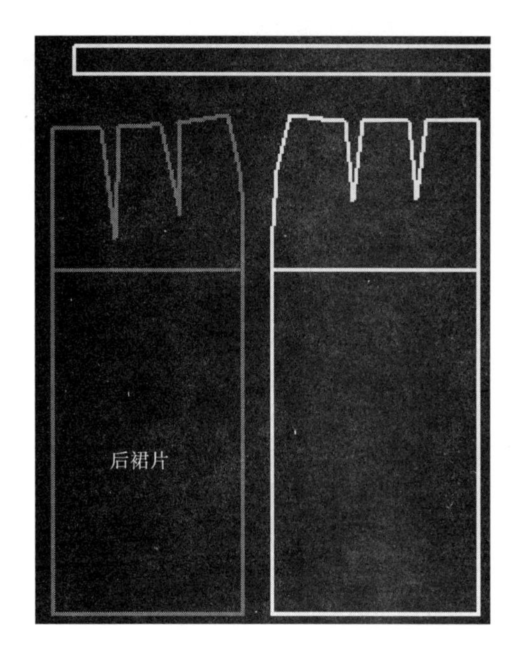

图4-6

1. 后裙片样片设定:选择笔工具(或是无工具)的状态下,选中后裙片,操作结果如图4-6所示。然后选择"样片处理"菜单下的"样片取出"(快捷键为G),如图4-7所示,点击右键则弹出"裁片设置"对话框,如图4-8所示。在名称后输入"后裙片",物料后输入"面料",裁片需要2片,纱向选择"竖直",具体设置如图4-9,输入完成后点击"确定",结果如图4-10所示。

2. 后裙片放缝:选择缝边工具,然后选中后裙片,选中状态如图4-11或图4-12所示;然后点击右键,在输入栏里输入"1"并回车,操作结果如图4-13所示。再左键点击裙后片净样下摆,如图4-14所示,输入"4"并回车,再点击右键,操作结果如图4-15所示。

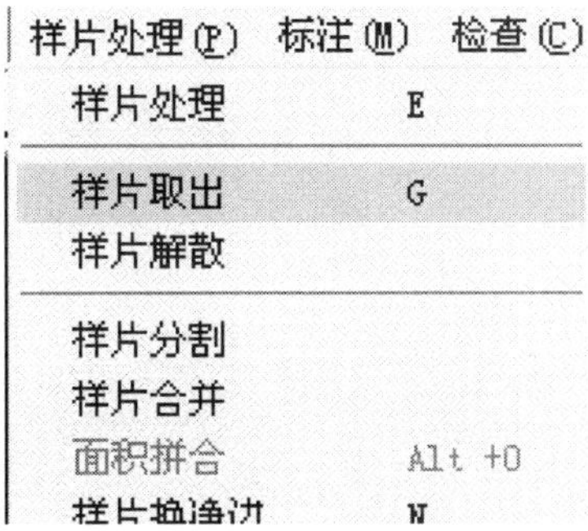

样片处理(P)　标注(M)　检查(C)
样片处理　E
样片取出　G
样片解散
样片分割
样片合并
面积拼合　Alt +0
样片换净边　N

图4-7

裁片设置
裁片命名
款号 基础裙制图
名称
物料　号型 160/66A@A
备注
裁片数量
片数 1
翻转片数 1
套内片数 2
对称片
纱向设置 水平
确定

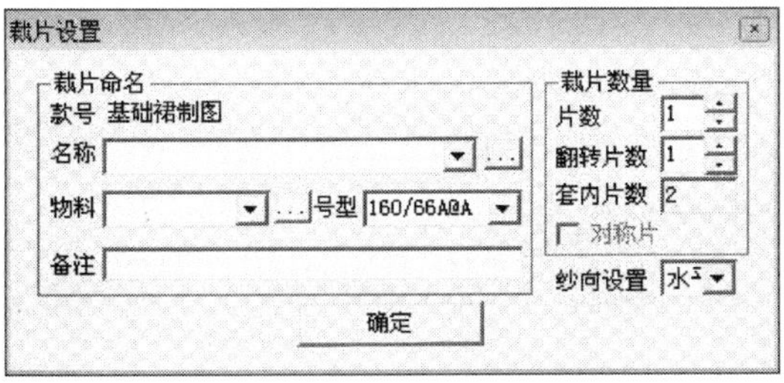

图4-8

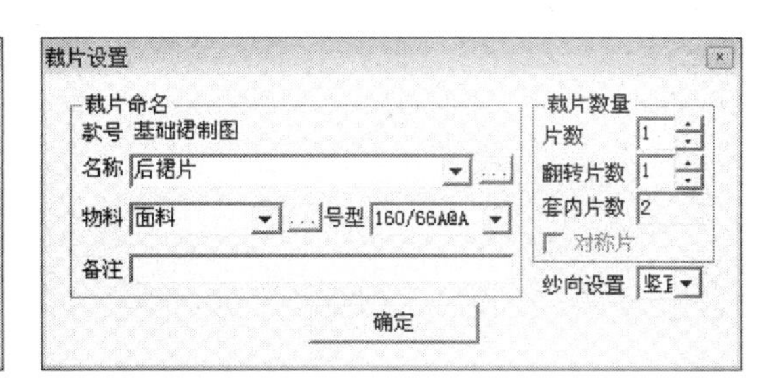

图4-9

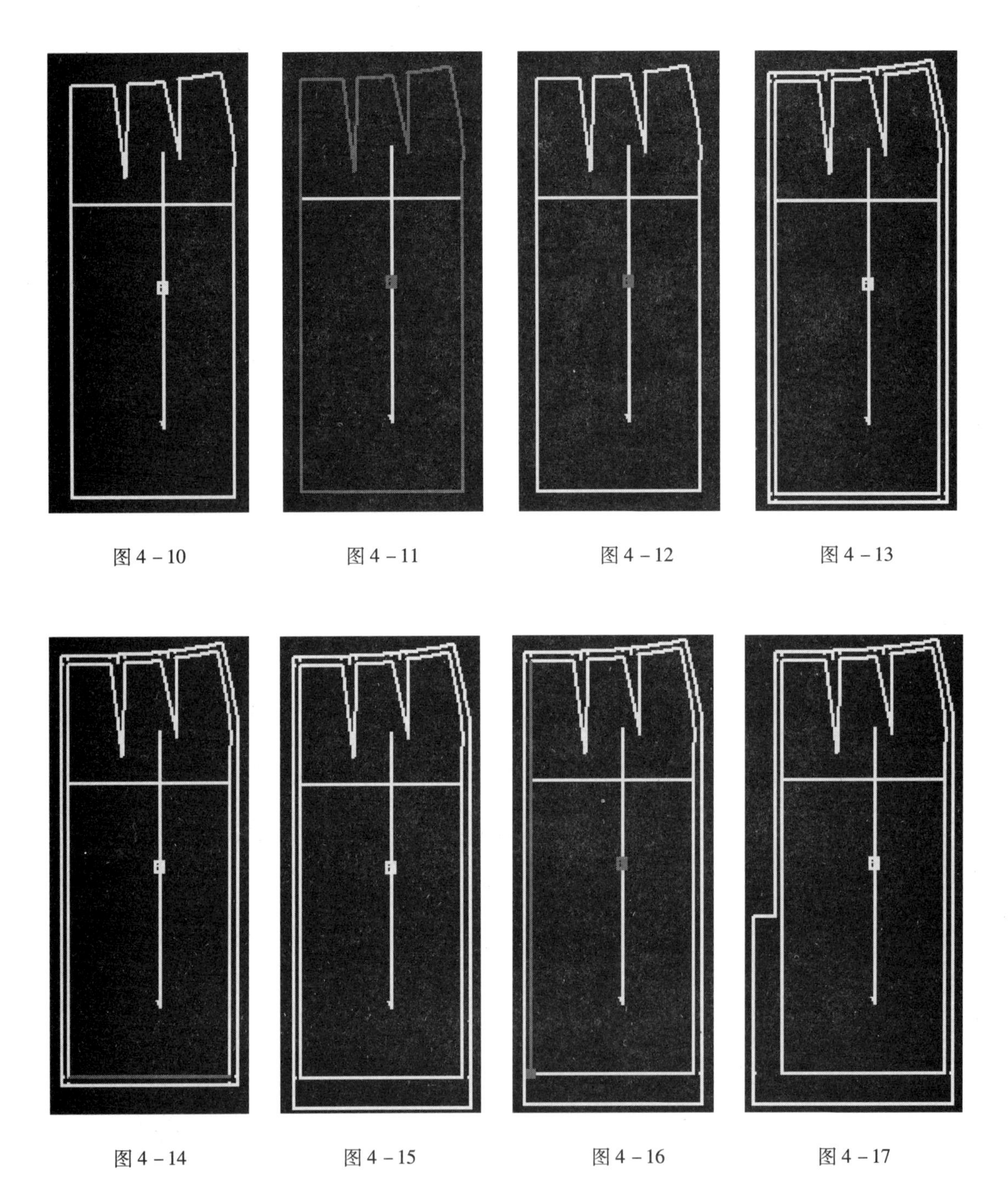

图 4 – 10　　图 4 – 11　　图 4 – 12　　图 4 – 13

图 4 – 14　　图 4 – 15　　图 4 – 16　　图 4 – 17

3. 段差操作：选中段差工具，左键点击后裙片后中心线的下端（这一端为段差长度计算的起始端），红点的一端是起始端，操作结果如图 4 – 16 所示。点击后会弹出“段差设置”对话框，如图 4 – 18 所示。在对话框里输入段差长“21”，高段差“4”，低段差 1，具体输入情况如图 4 – 19 所示。设置好后点击“确定”，操作结果如图 4 – 17 所示。

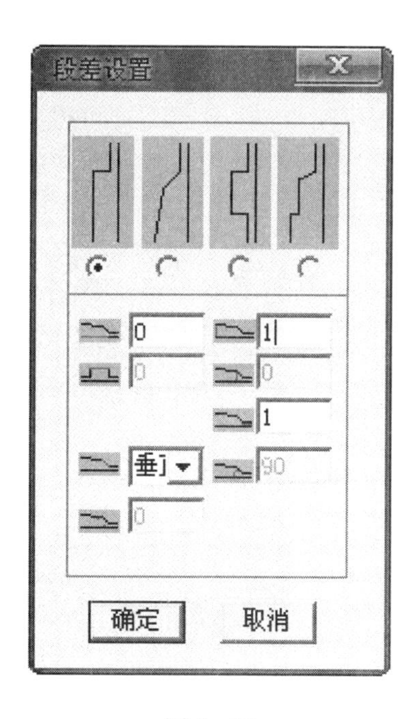

图 4－18

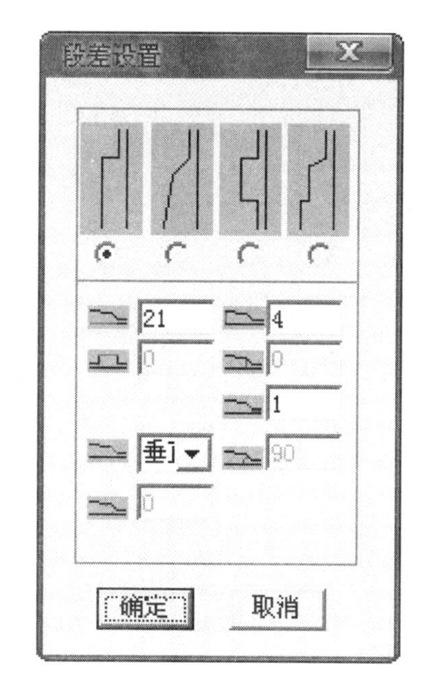

图 4－19

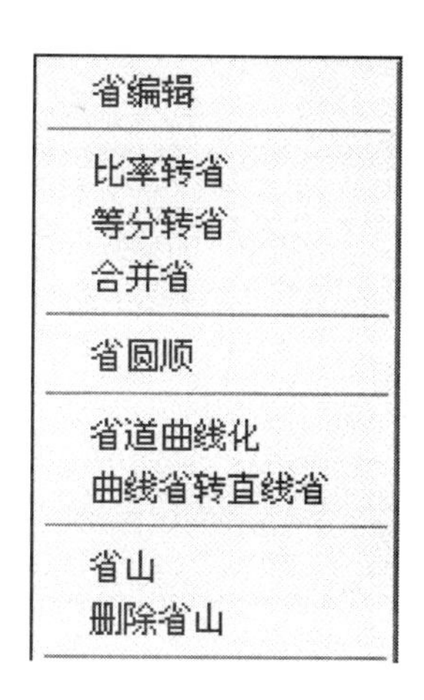

图 4－20

4. 省山操作：在无工具状态下，右键点击图 4－17 中省道的边线，会弹出如图 4－20 所示的菜单。选择“省编辑”选项，再左键点击省边线，弹出“修改省”对话框，勾选“省山”选项，如图4－21 所示，最后点击“确定”。同样的操作做完另一个省山操作，结果如图 4－22 所示。

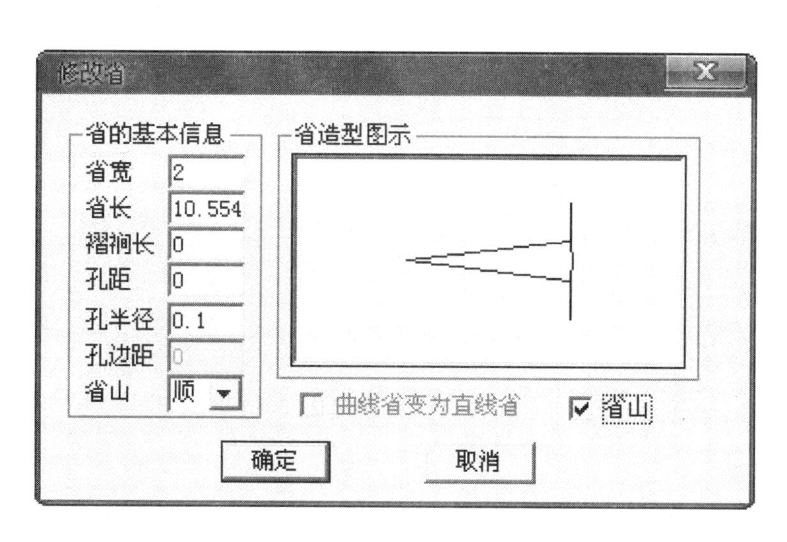

图 4－21

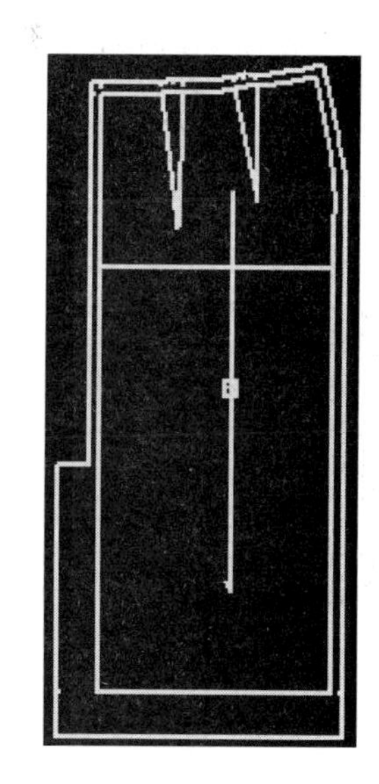

图 4－22

（二）前裙片样片设定与放缝

1. 设定样片：光标在无工具的状态下，选中前裙片，操作结果如图 4－23 所示。选择“样片处理”菜单下的“样片取出”（快捷键“G”），如图 4－7 所示。然后点击右键，弹出“裁片设置”对话框，输入名称“前裙片”，输入物料为“面料”，裁片按照前中心线对称的一整片，所以不需要左右翻转片，纱向输入“竖直”如图4－24所示。设置完后点击“确定”，即可得到裙前片的裁片，如图4－25所示。

图4－23

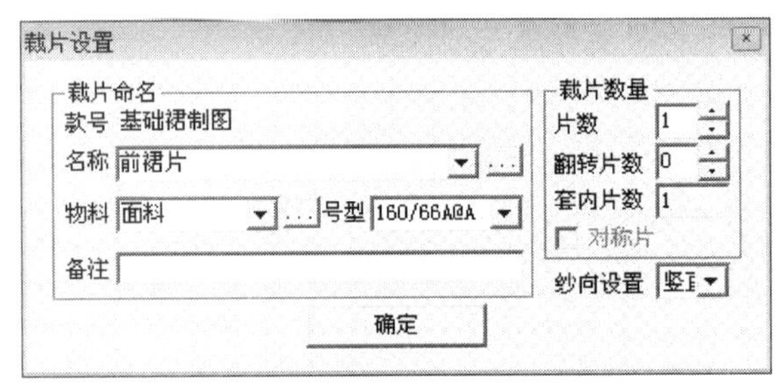

图4－24

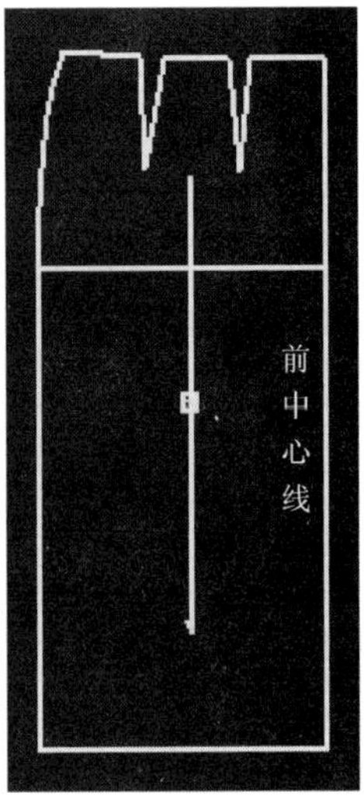

图4－25

2. 对称展开前裙片：选中样片对称展开工具，然后左键点击图4－28中的前中心线，操作结果如图4－26所示。

3. 放缝操作：选中缝边工具，选中前裙片，然后点击右键，在输入栏里输入“1”并回车，操作结果如图4－27所示。继续左键点击裙前样片的净样下摆，在输入栏里输入“4”并回车，再点击右键，操作结果如图4－28所示。

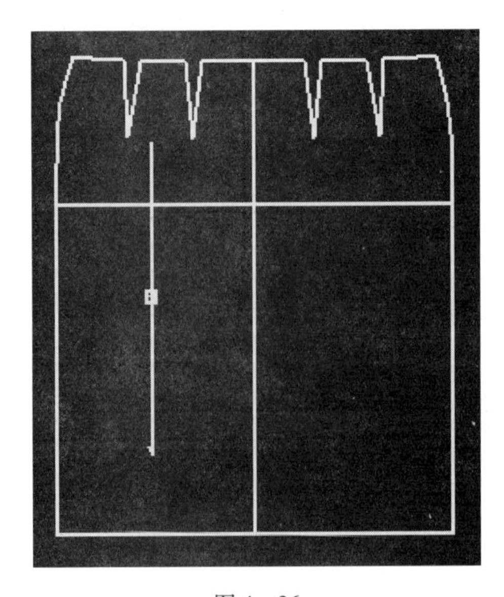

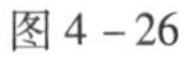

图4－26

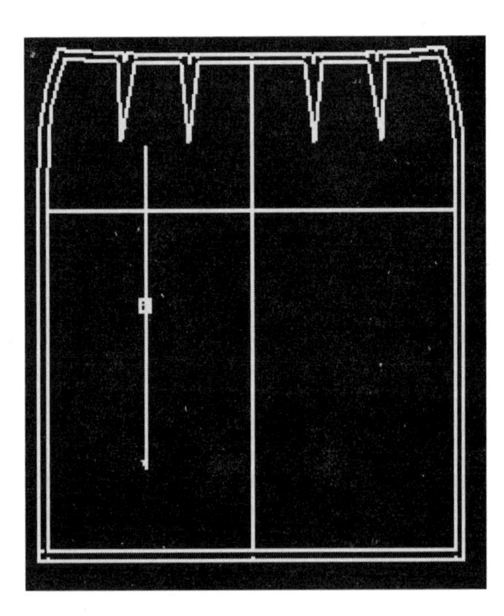

图4－27

4. 对称闭合:操作前要先把样片的对称闭合,在无工具的状态下,右键点击图 4 - 28 所示的前中心线,会弹出如图 4 - 29 所示的菜单,选择“对称片闭合”选项,操作结果如图4 - 30 所示。

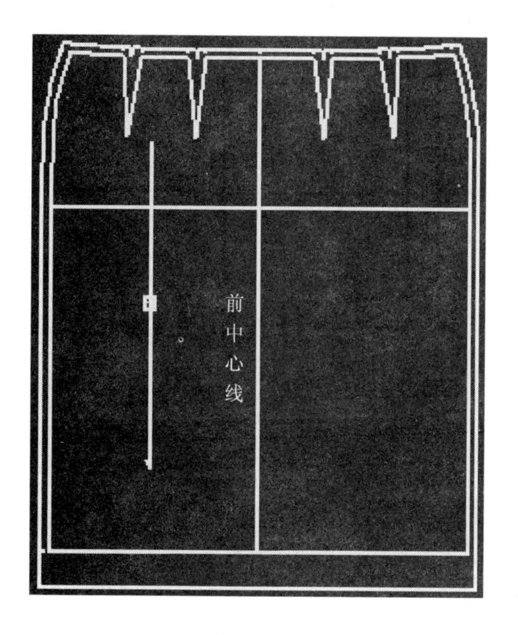

图 4 - 28

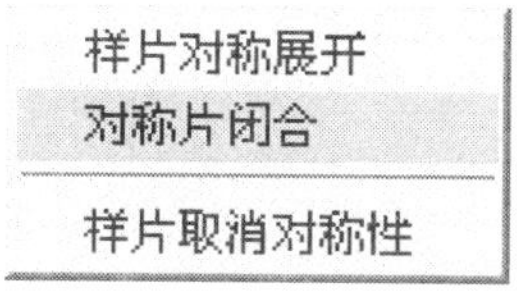

样片对称展开
对称片闭合
样片取消对称性

图 4 - 29

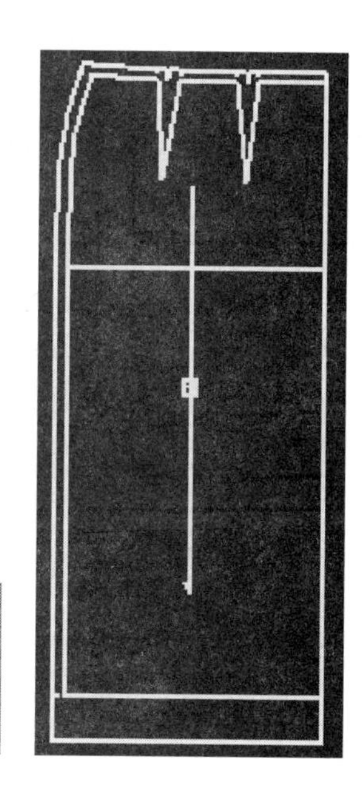

图 4 - 30

5. 省山操作:对称闭合后就可以进行省山操作,结果如图 4 - 31 所示。然后在无工具的状态下,右键点击图 4 - 31 所示前中心线,会弹出如图 4 - 29 菜单并选择“样片对称展开”选项,操作结果如图 4 - 32 所示。

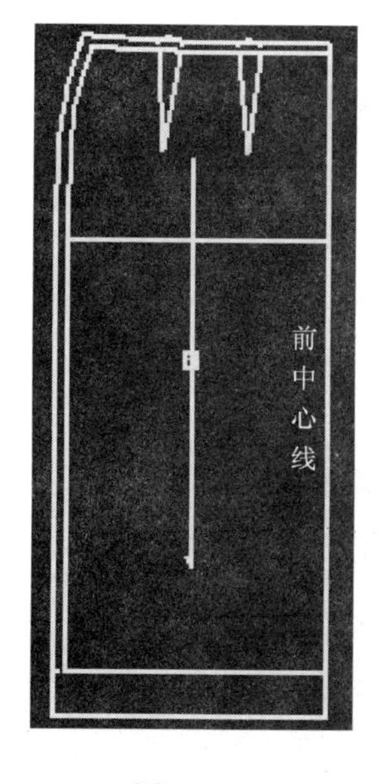

图 4 - 31

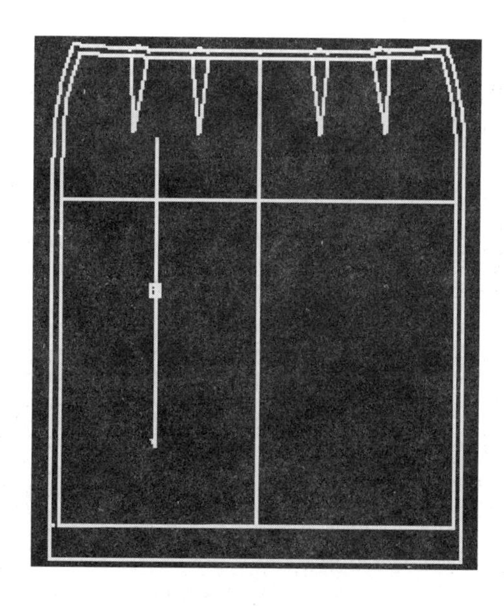

图 4 - 32

(三)裙腰头样片设定与放缝

1. 裙腰头样片设定:在无工具的状态下,选中裙腰头,然后按快捷键 G,点击右键,会弹出"裁片设置"对话框,输入名称"裙腰头",物料为"面料",裙腰样片为对称展开,所以不需要翻转片,在纱向设置栏选择"水平",具体设置如图 4-33 所示,设置好后点击"确定",操作结果如图 4-34 所示。

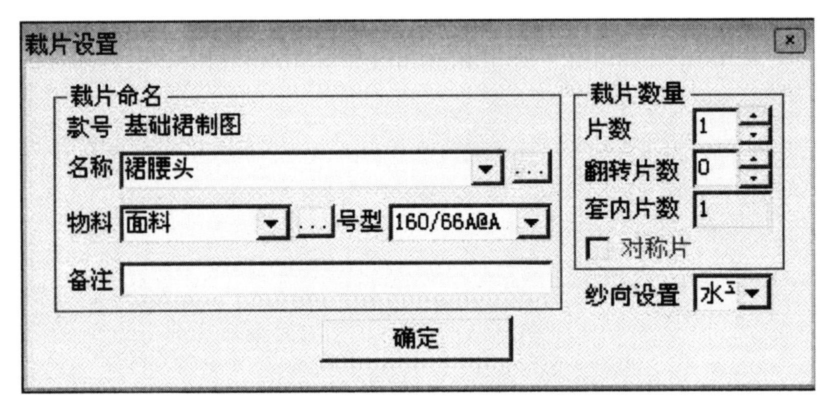

图 4-33

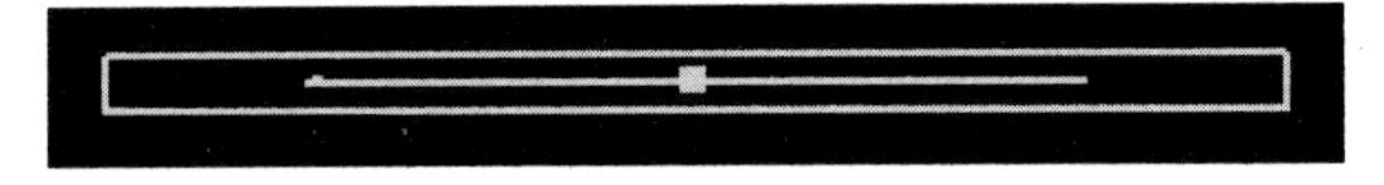

图 4-34

2. 选择样片对称展开工具,然后左键点击图 4-34 中的任何一条水平线,操作结果如图 4-35 所示。

图 4-35

3. 放缝操作:选择缝边工具,然后选中裙腰头,点击鼠标右键,在输入栏里输入"1"并回车,操作结果如图 4-36 所示。

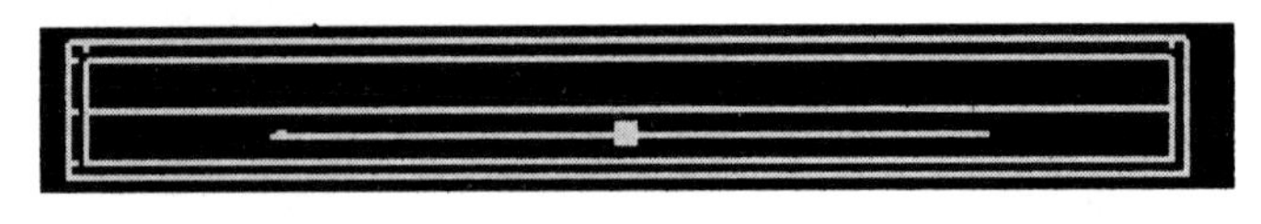

图 4-36

(四)里子样片设定与放缝

由于操作上基本相似,里子样片的设定和放缝就不再累述,请读者按照图 4-3、图 4-4

所示的具体要求进行操作，操作结果如图 4－37 所示。

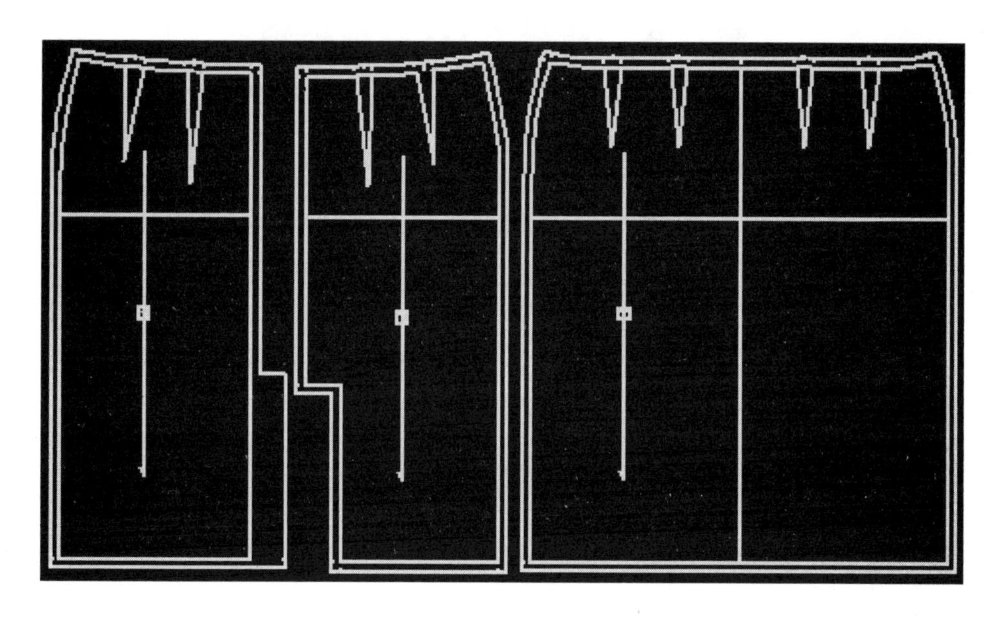

图 4－37

（五）打刀口

选中插入刀口 工工具，然后在需要的对位点上单击左键即可，如臀围线的对位点。如图 4－38 所示是打刀口之前的样片，图 4－39 是打刀口后的样片，在外轮廓的臀围线位置多出了两个对位点。图 4－40 是图 4－39 中 A1 区域的放大图示。

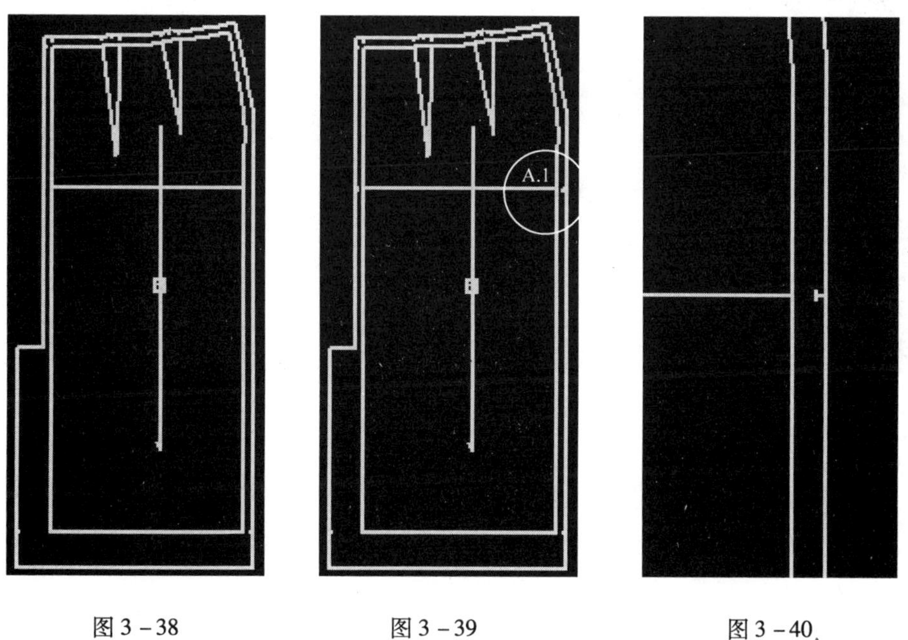

图 3－38　　图 3－39　　图 3－40

第二节　西裤CAD样板处理

一、西裤CAD样板处理要求

西裤款式结构平面图如图3－13所示，此款为男西裤，前片左右各有一个省和一个活褶，侧缝处各有一个斜插袋，前中装拉链，后片左右各有一个省和一个横直袋。

1. 通过第三章第二节的结构变化得到如图4－41所示的制图结果，其他零部件净样结构读者可按照图4－42所示的数据（粗实线是样片的外轮廓线），用服装CAD制图软件完成制图。由于受篇幅限制省略了腰里和衬料等样片，读者可参考结构制图的教材进行CAD制图练习。

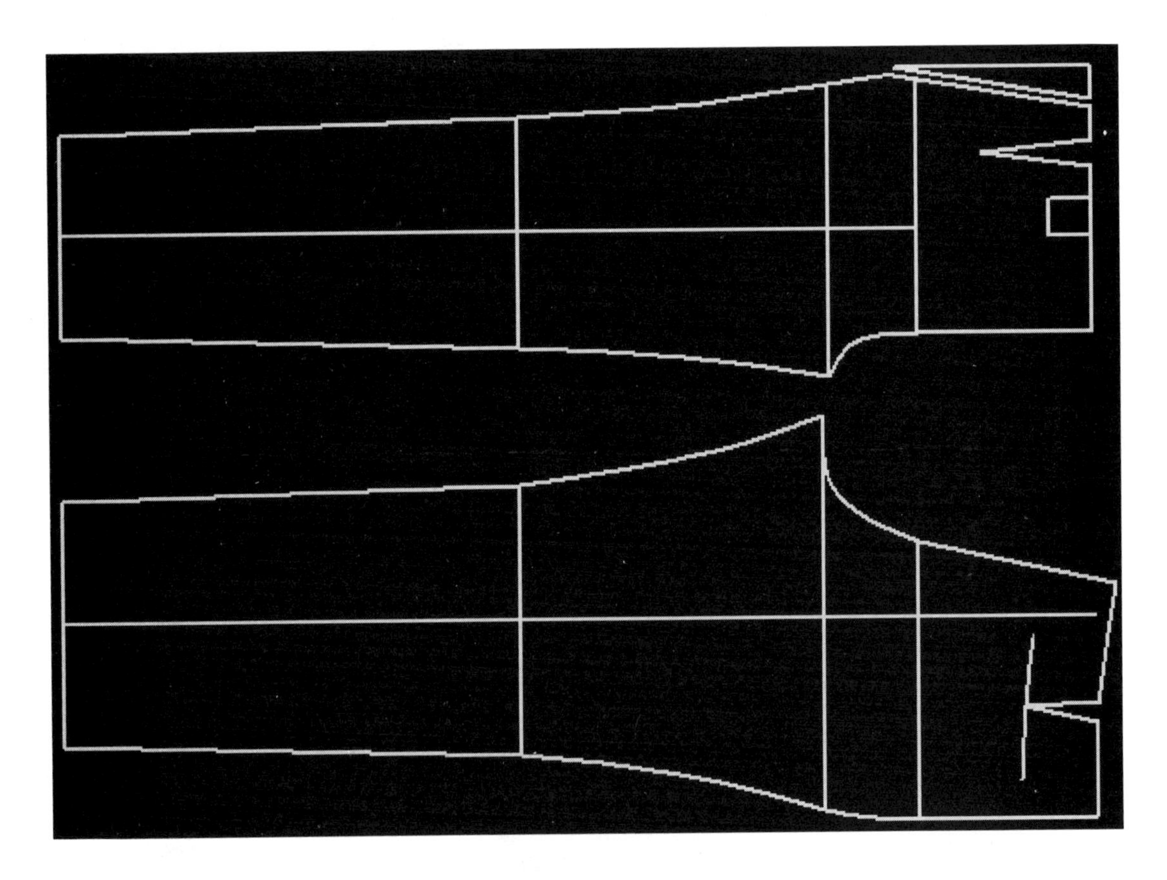

图4－41

2. 对西裤所有样片进行设定样片和放缝操作得到西裤的毛样板，样片放缝图4－43所示（未标出数据的地方，统一放缝1cm），直接绘制毛样的样片如图4－44所示，保存放缝结果。

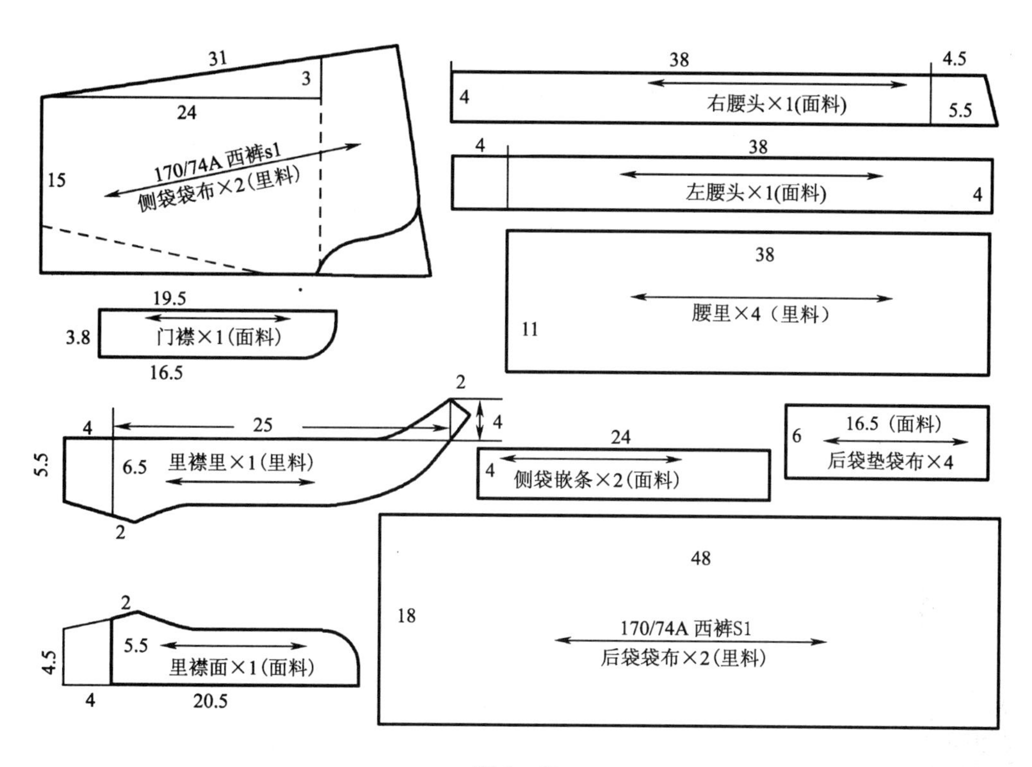
31
3
24
170/74A 西裤s1
侧袋袋布×2(里料)
15
38
4.5
4
右腰头×1(面料)
5.5
4
38
左腰头×1(面料)
4
38
腰里×4(里料)
11
19.5
3.8
门襟×1(面料)
16.5
2
4
25
4
5.5
6.5
里襟里×1(里料)
2
24
4
侧袋嵌条×2(面料)
6
16.5(面料)
后袋垫袋布×4
48
18
170/74A 西裤S1
后袋袋布×2(里料)
2
4.5
5.5
里襟面×1(面料)
4
20.5

图 4-42

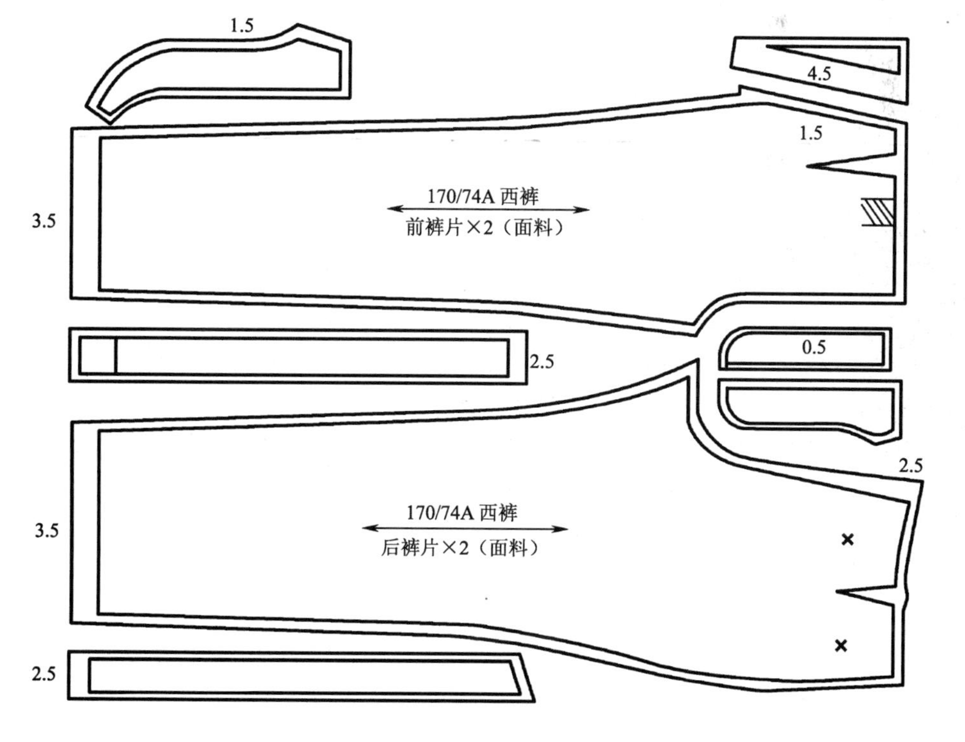
1.5
4.5
1.5
3.5
170/74A 西裤
前裤片×2(面料)
2.5
0.5
2.5
3.5
170/74A 西裤
后裤片×2(面料)
2.5

图 4-43

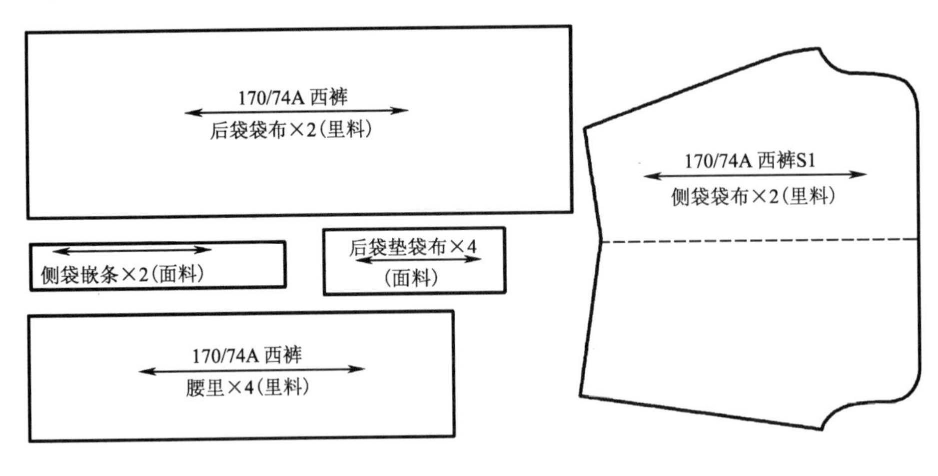

图4－44

二、项目工具讲解

(一)本项目应用到的工具和操作

1. 放缝工具:缝边 、样片对称展开 、插入刀口 、切角 工具等。

2. 放缝操作:样片设定和省山设定等。

(二)新工具和新操作讲解

切角工具 :处理样片锐角放缝时产生的尖角。

选择工具后,按照提示选择切角类型,选样片上的边线,点击应用切角即可。

三、项目操作步骤与图示

打开裤子样板,并按照图4－42所示的零部件结构制图,读者独自完成CAD净样制图,结果如图4－45所示。直接绘制毛样的样片如图4－46所示。注意:侧袋袋布对称展开后,有一侧需要剪掉一部分,剪掉部分正是侧袋垫袋布净样的大小。

(一)设定样片

设定样片的方法和操作方式与裙子样片相似,此步聚不再重述,参照图4－43、图4－44中的标注进行样片设定,可得到裤子样片净样。样片设定结果如图4－47所示,直接绘制毛样的样片设定结果如图4－48所示。

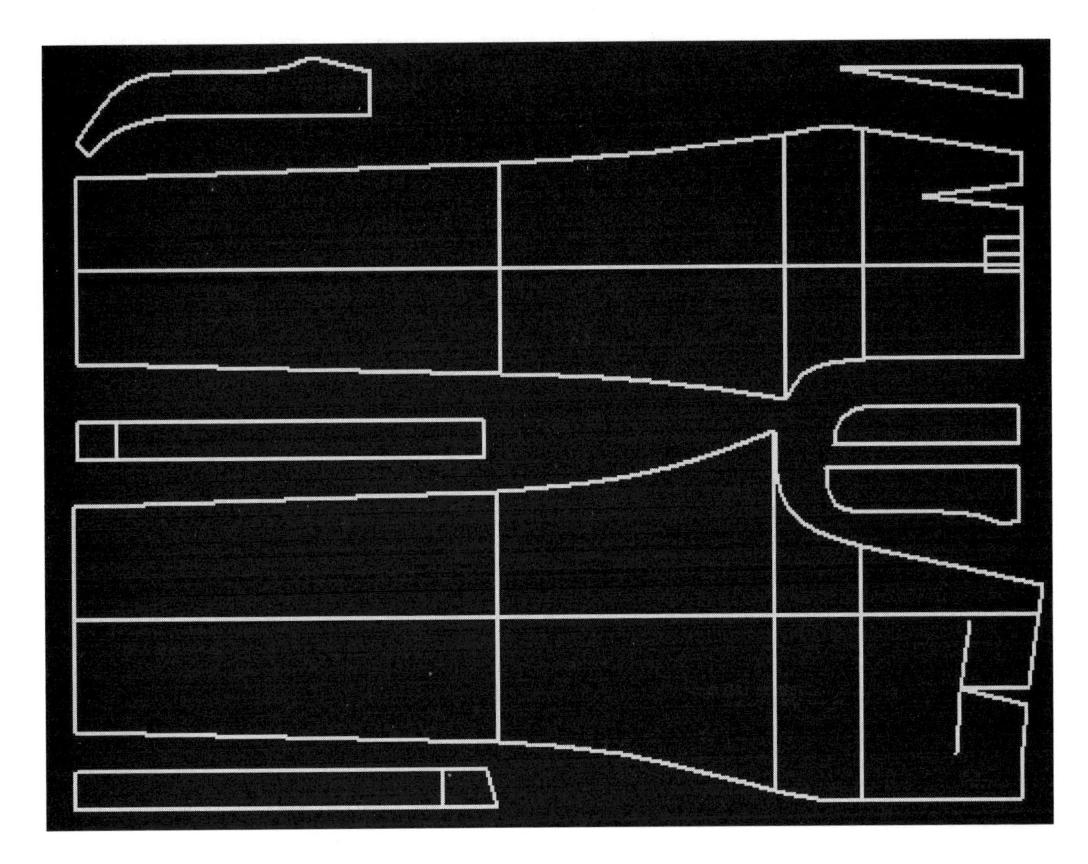

图 4－45

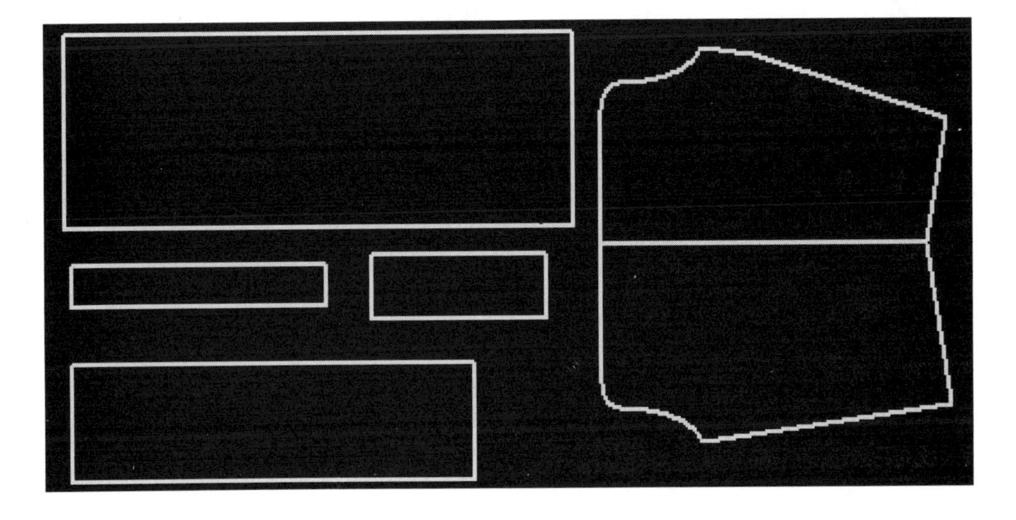

图 4－46

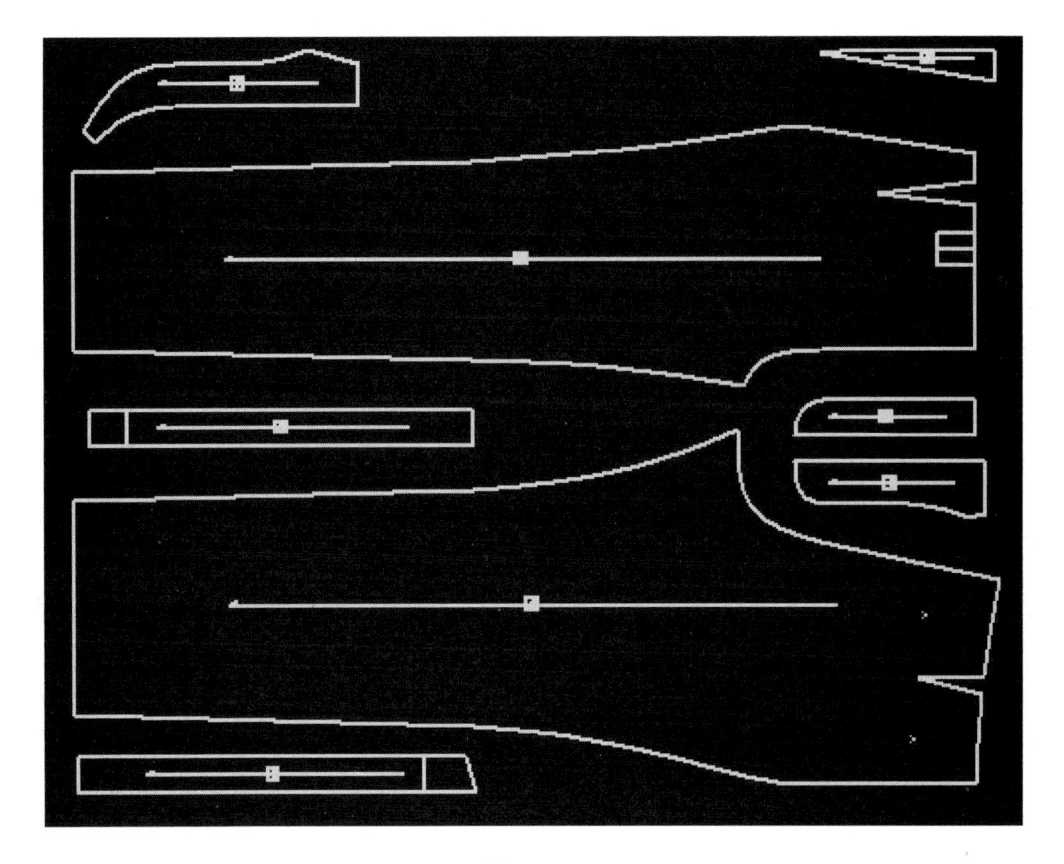

图 4 - 47

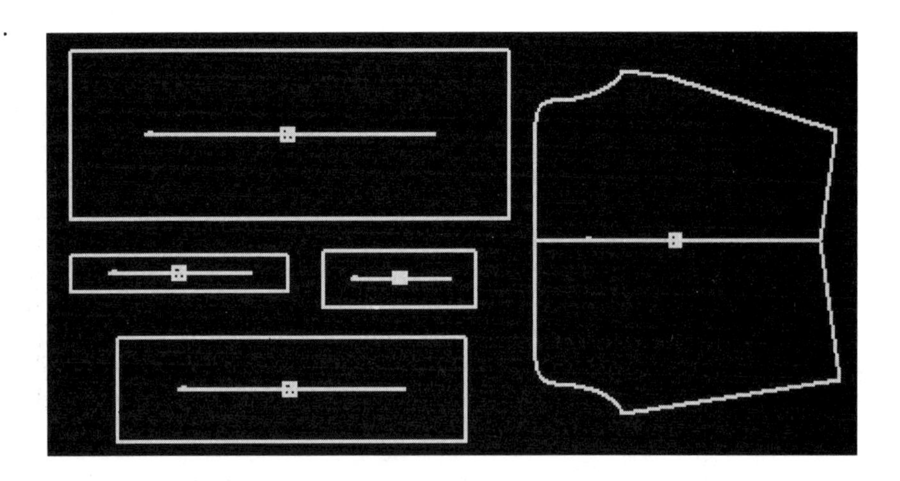

图 4 - 48

(二) 放缝操作

1. 基础放缝:选中缝边工具,然后选中图 4 - 47 所示的所有样片,然后点击右键,再在输入栏里输入“1”并回车,操作结果如图 4 - 49 所示。

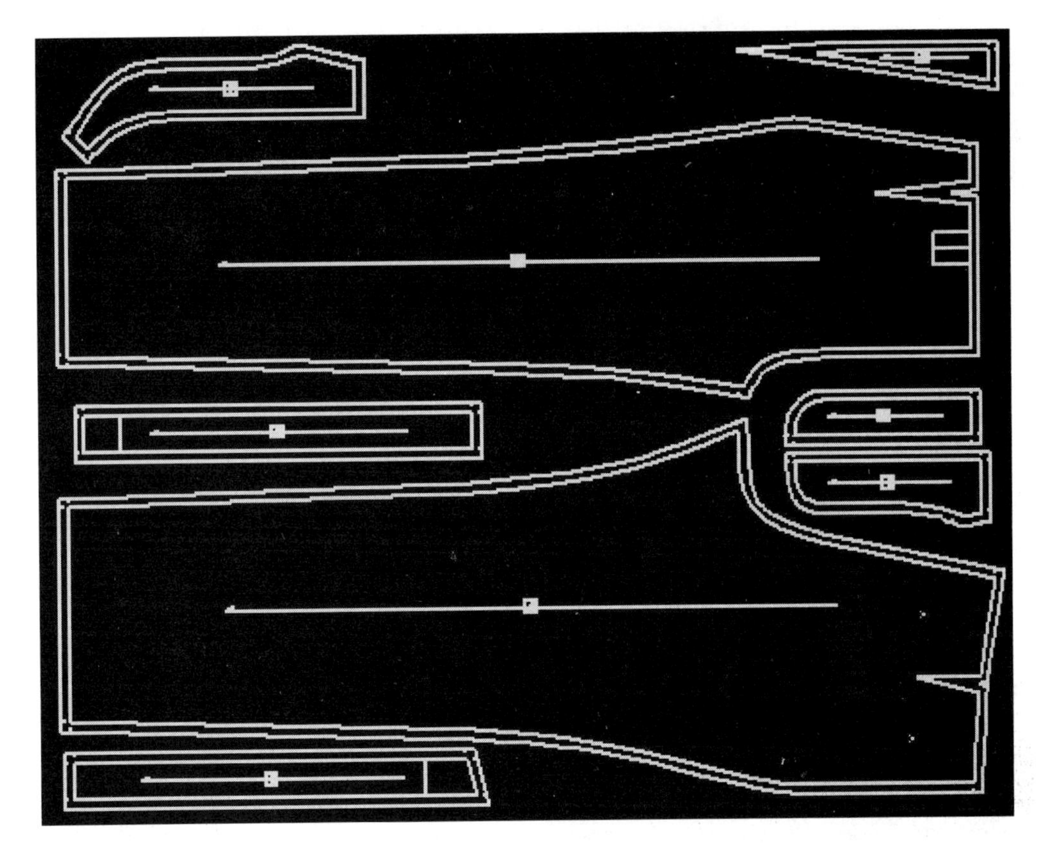

图 4－49

2. 侧袋垫袋布放缝：左键点击侧袋垫袋布样片的斜边，如图 4－50 所示，然后在输入栏里输入“4.5”并回车，操作结果如图 4－51 所示；接着选择切角工具，在弹出的对话框中选择第三种角造型，如图 4－52 所示，再次左键单击侧袋垫袋布袋样片的斜边（点击时要靠近左端角），操作结果如图 4－53，最后点击对话框中的“应用”按钮，操作结果如图 4－54 所示。

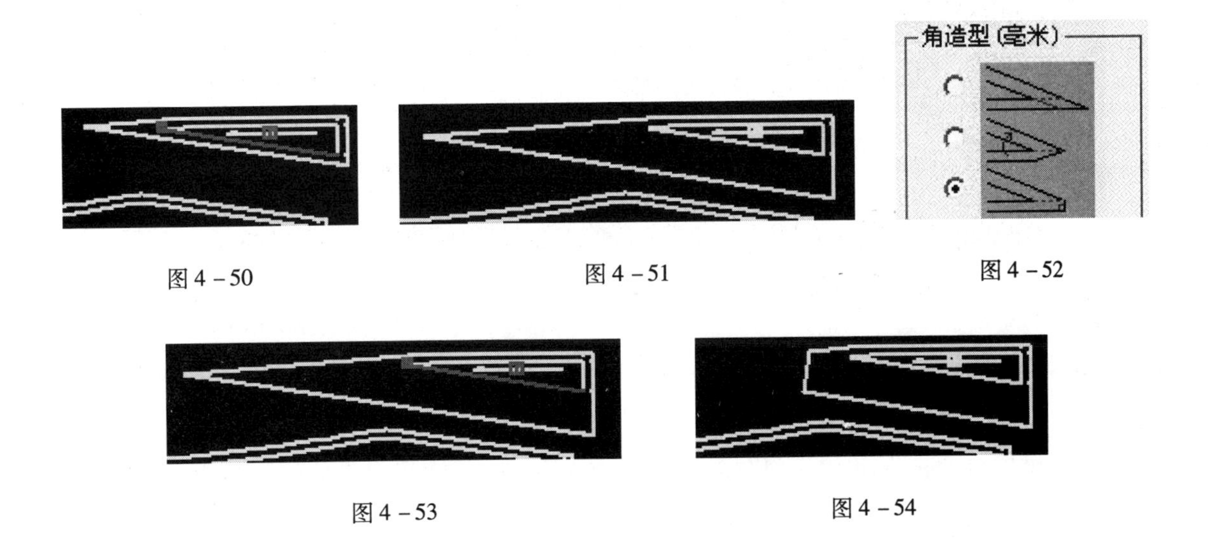

图 4－50　图 4－51　图 4－52

图 4－53　图 4－54

3. 前裤片斜插袋袋口线放缝：选中缝边工具，点击图 4－55 中的“AB”线条然后点击右键，在输入栏里输入“1.5”并回车，操作结果如图 4－56 所示；接着选择切角工具，在跳出对话框中选择第三种角造型，如图 4－52 所示，再次左键单击前裤片斜插袋袋口线（点击时要靠近左端），操作结果如图 4－57 所示，最后点击对话框中的“应用”按钮，操作结果如图 4－58 所示。

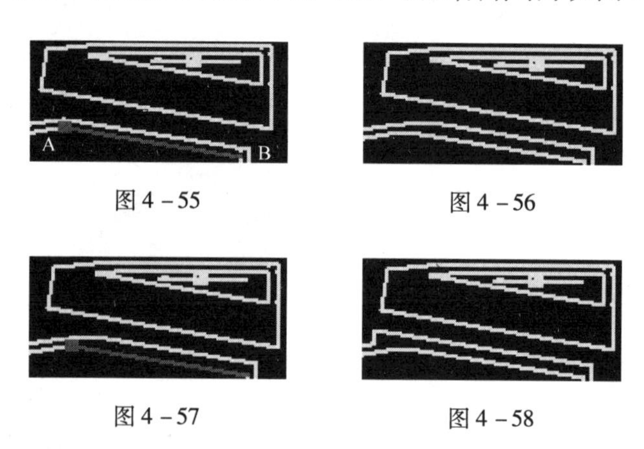

图 4－55　　图 4－56

图 4－57　　图 4－58

4. 门襟弧线放缝：选择缝边工具，将门襟弧线放缝 0.5，操作过程如图 4－59 所示。

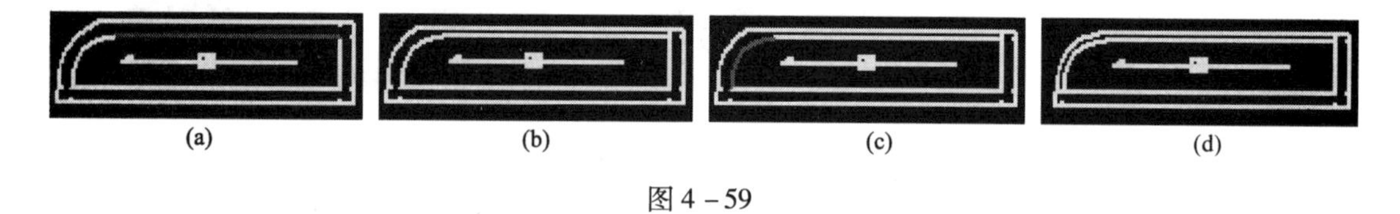

(a)　(b)　(c)　(d)

图 4－59

5. 后中余量放缝：将图 4－60 中的裤片后裆斜线和裤腰头后中放缝 2.5cm，操作结果如图 4－61 所示。

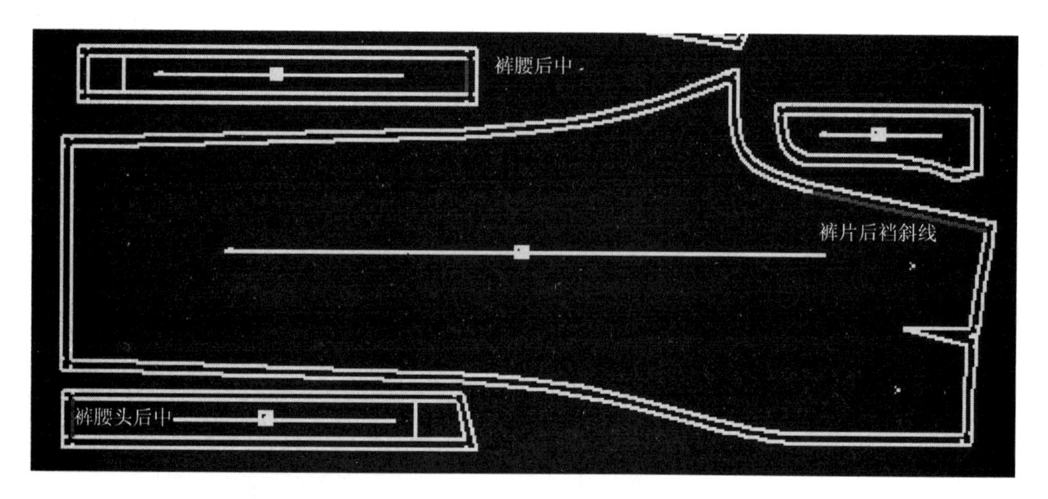

图 4－60

6. 里襟里料放缝：将里襟里料外侧弧线放缝 1.5cm。里襟里料没放缝时如图 4－62 所示；放缝后如图 4－63 所示。

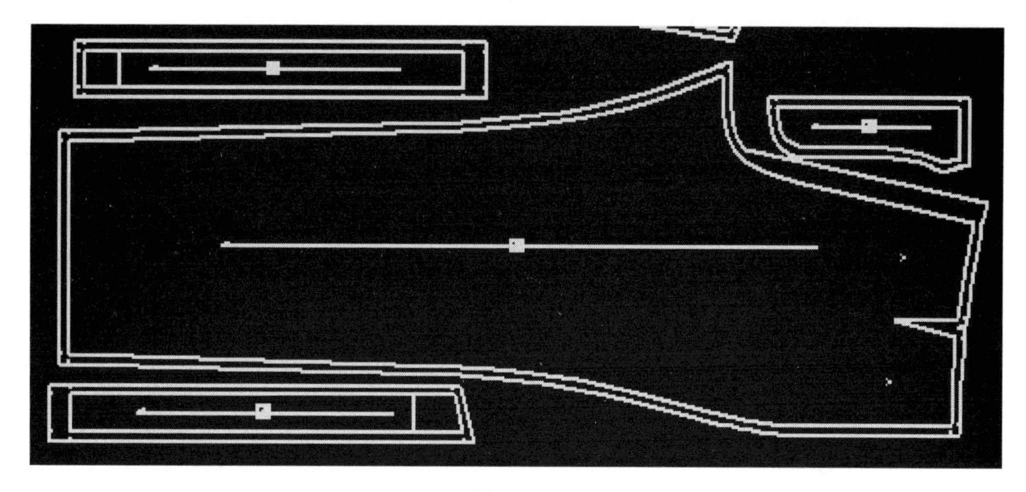

图 4 - 61

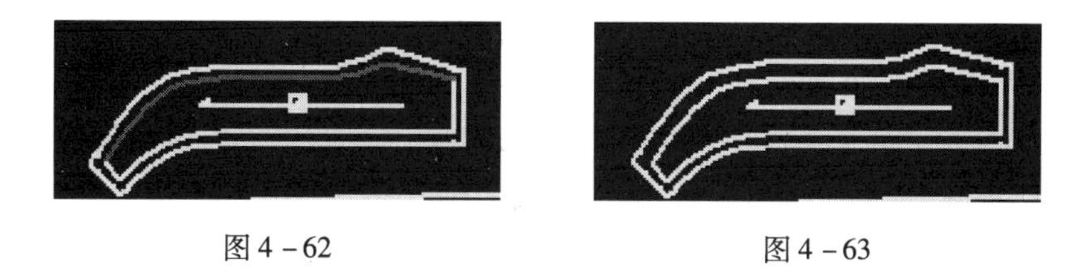

图 4 - 62　　　　图 4 - 63

7. 将前后裤片的裤脚边放缝 3.5cm，然后将省山勾选，操作结果如图 4 - 64 所示。

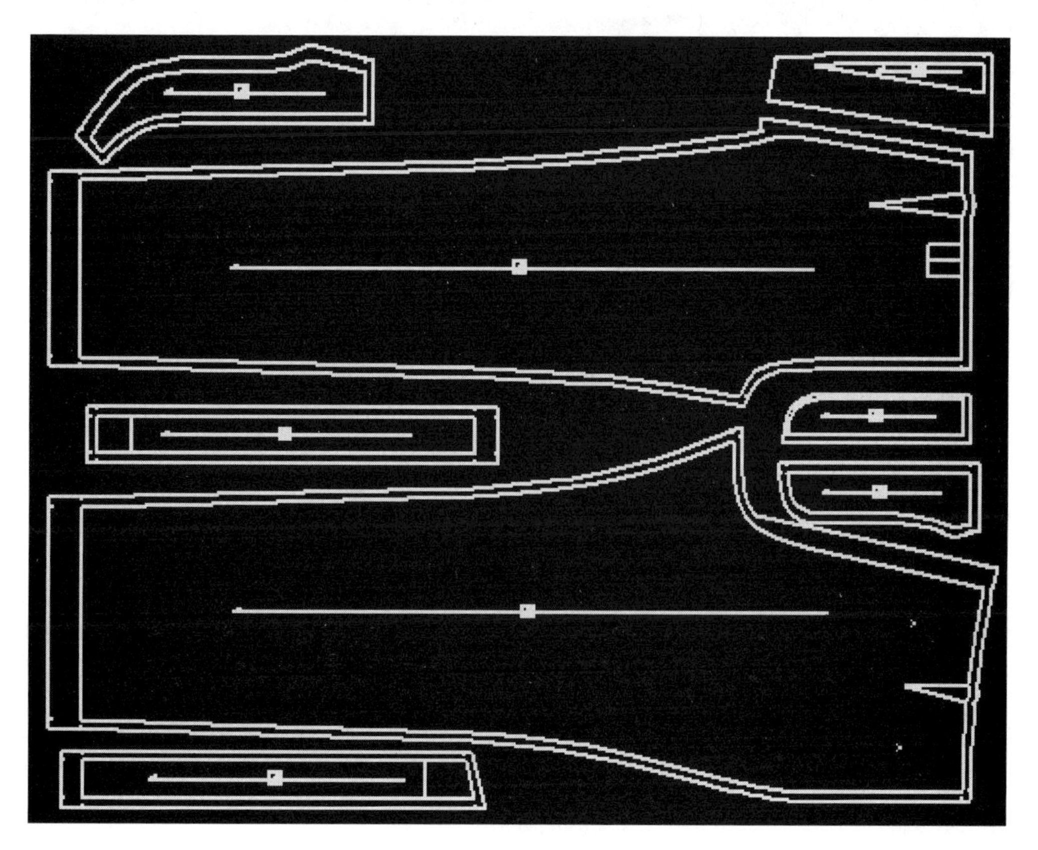

图 4 - 64

(三)打刀口

给对位点打刀口,选择插入刀口 工工具,然后在需要的对位点(如臀围线的对位点,膝围线的对位点等)上单击左键即可。

第三节　衬衫 CAD 样板处理

一、衬衫 CAD 样板处理要求

用服装 CAD 软件按照所给定的款式和数据进行衬衫制图,并保存制图结果。本项目为温州市(高级)服装样板设计制作工职业技能考核—服装 CAD 部分的考核要求之一。

1. 衬衫款式结构平面图如 3 - 38 所示。此款为女衬衫,已在第三章第三节中结构处理完成,对应的结构制图如 4 - 65 所示。

图 4 - 65

2. 对该衬衫所有样片进行设定样片和放缝操作得到毛样板,放缝数据如图 4 - 66 所示(未标出数据的地方,统一放缝 1cm),完成后保存放缝结果。

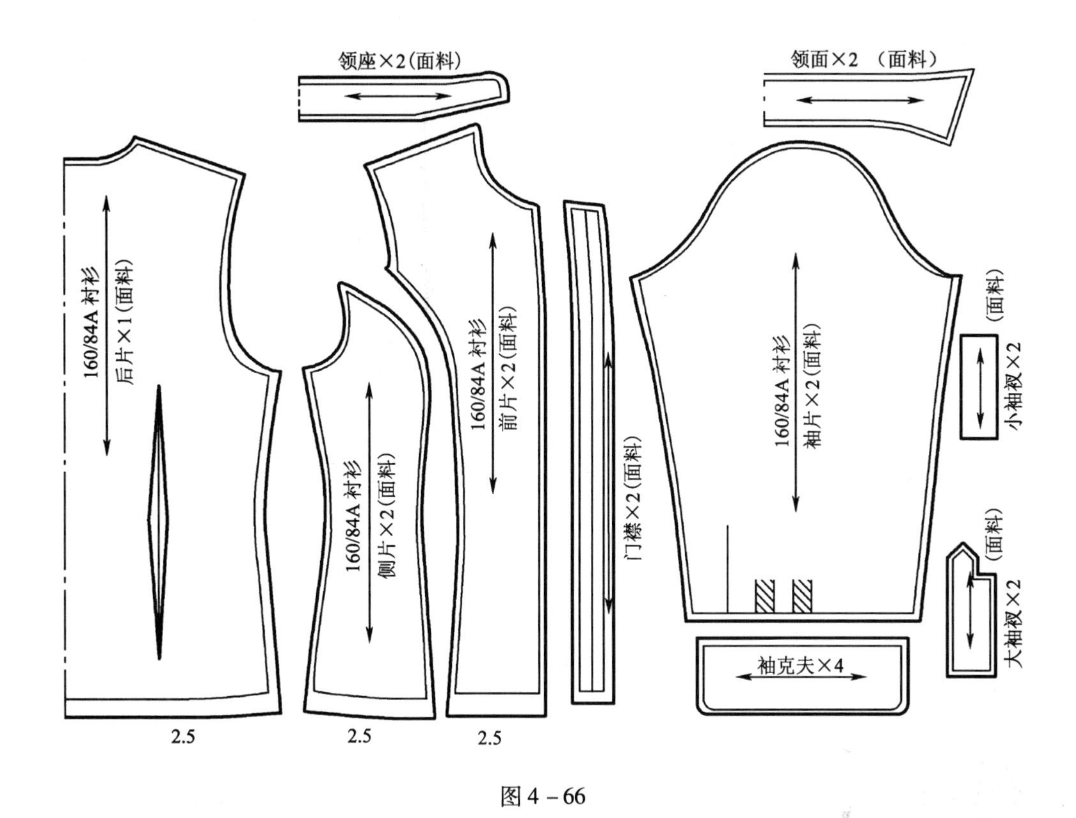

图 4－66

二、项目工具讲解

本项目应用到的工具和操作

1. 放缝工具:缝边 、样片对称展开 、插入刀口 、切角 工具等。

2. 放缝操作:样片设定等。

三、项目操作步骤与图示

打开如图 2－48 所对应的衬衫样板,这是第二章第三节的制图结果。

(一)样片设定

设定样片的方法和操作方式与裙子样片相似,此步骤不再重述,参照图 4－66 样片标注进行样片设定,可得到女衬衫样片净样样片,设定结果如图 4－67 所示。

(二)放缝操作

1. 对称样片展开:选择样片对称展开 工具,将领面、领座和后片进行对称展开,操作结果如图 4－68 所示。

2. 基础放缝:选中缝边 工具,选中图 4－68 中的除小袖花样片之外的所有样片,然后

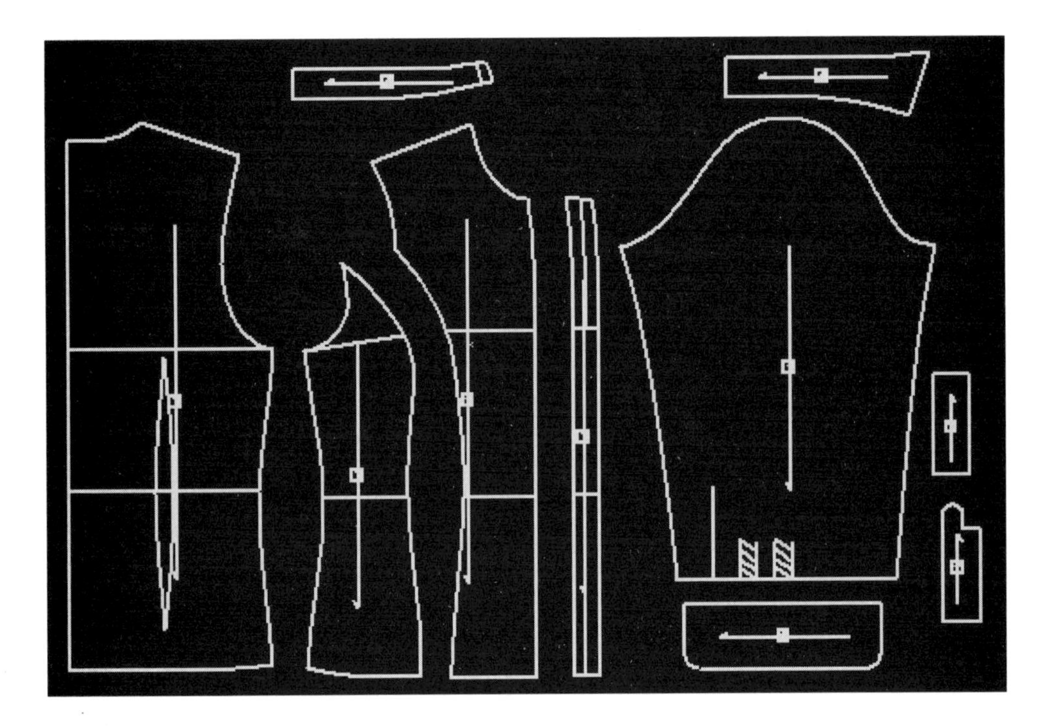

图4－67

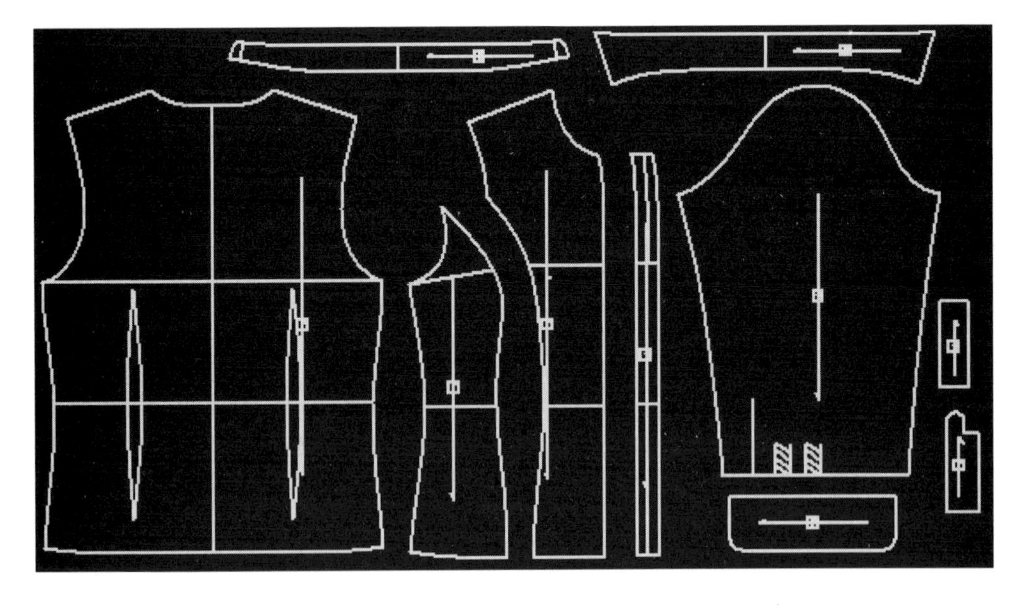

图4－68

点击右键，在输入栏里输入“1”并回车，操作结果如图4－69所示。

3. 下摆放缝：将前片、侧片和后片的下摆放缝2.5cm，操作结果如图4－70所示。

4. 公主线上端切角处理：选择切角工具，在弹出的对话框中选择第三种角造型，如图4－52所示，左键单击刀背缝分割线（点击时要靠近公主线上端），最后点击对话框中的“应用”按钮，操作结果如图4－71所示。

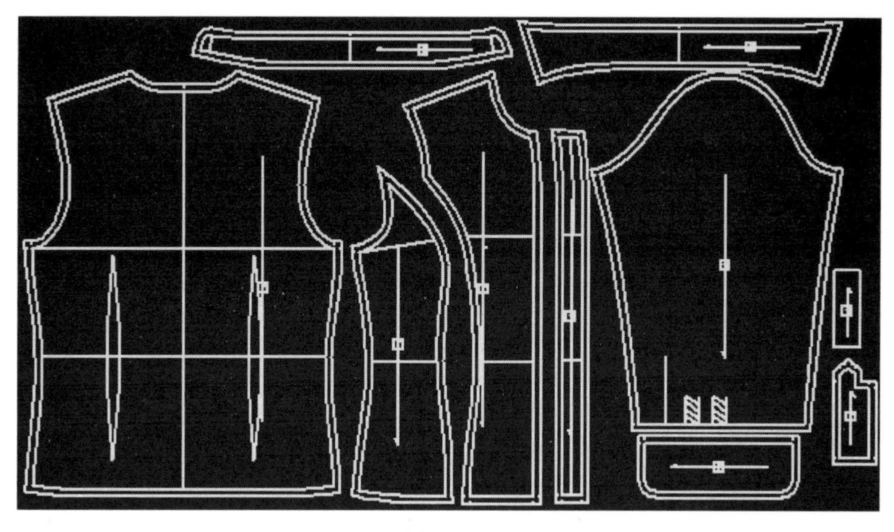

图 4－69

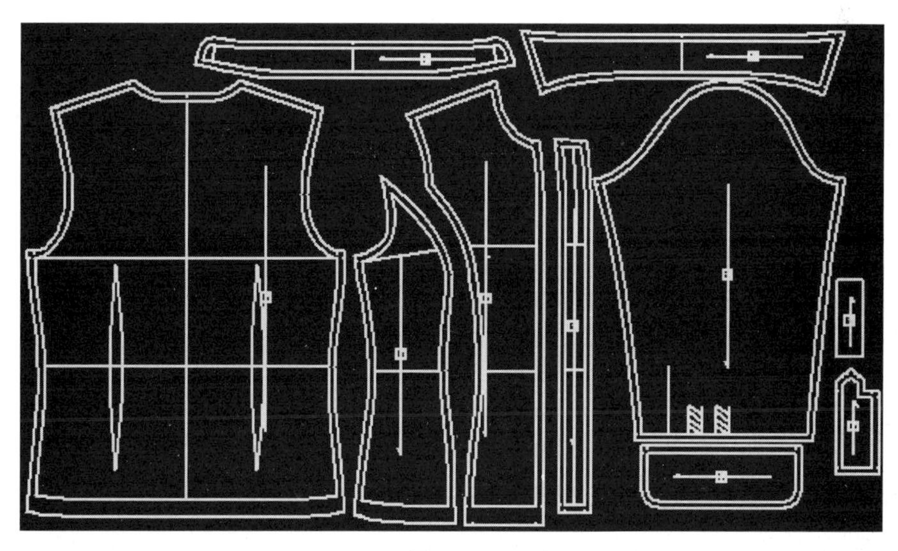

图 4－70

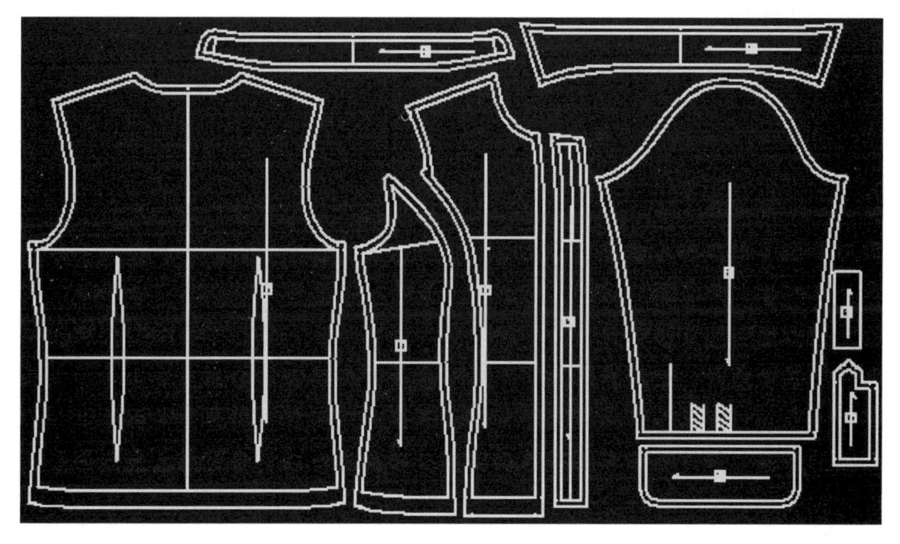

图 4－71

第四节　制板软件中其他工具的讲解

有部分工具在之前的项目中并没有应用到，在本节内容一起进行讲解，共包括两部分，一部分是绘图工具，另一部分是样片处理工具。

一、绘图工具

绘图工具包括拼合修正、旋转、镜像、直立、水平等工具。

1. 拼合修正：以图4－72为例，选择工具后，左键依次点击B点、C点，点击右键结束，结果如图4－73所示；如果左键点击A点、C点，点击右键结束，结果如图4－74所示。拼接时要注意左键要点击两段线中要拼接的端点。

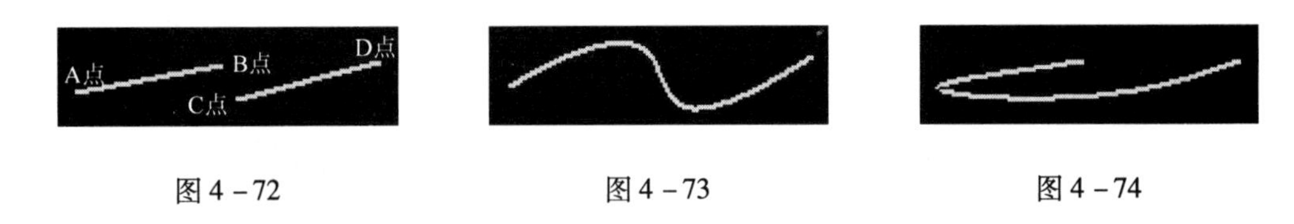

图4－72　　图4－73　　图4－74

2. 旋转：选择工具后，选中要参与旋转的对象后点击右键结束，再左键点击旋转中心，松开鼠标后移动鼠标到需要的位置后，点击左键即可，可以结合点捕捉功能键进行旋转中心的选择操作。

3. 镜像：选择工具后，选中要参与镜像的对象后点击右键结束，再左键点击两个点（作为镜像界面），松开鼠标即可。

4. 直立：选择工具后，选中要参与直立的对象后点击右键结束，再左键点击选中对象中需要直立的线段即可。

5. 水平：选择工具后，选中要参与水平的对象后点击右键结束，再左键点击选中对象中需要水平的线段即可。

二、样片处理工具

样片处理工具包括褶生成、样片剪开移动、样片分割、压线工具等。

1. 褶生成：可完成平行褶和非平行褶的展开。选择工具后，按照信息栏的提示选择样片，再选择开褶中心线，点击右键后会弹出“褶”对话框，如图4－75所示，上褶量为中心线上有红心实点的一端，下褶量为另一端，输入数据并选择好其他选项，确定即可。

2. 样片剪开移动：可完成样片按剪开线的展开（功能与褶生成有些类似）。选择工具后，按照信息栏的提示选择剪开线（可以依次选择多条），点击右键结束选择，按照提示输入两端的剪开量(如输入“5”回车,再输入“10”回车),然后选择有无褶山(输入“0”回车,再输入“0”回车),最后左键点击任意一侧即可。

3. 样片分割 :分割线将样片分割成两片或多片,并自动加缝边。选择工具后,按照信息栏的提示选择分割线(可以依次选择多条),点击右键结束选择即可。

4. 压线 :对特殊部位线条作出明迹的压线。选择工具后,选择需要作压线的线条(可以依次选择多条),点击右键结束选择,弹出“设置压线参数”对话框,如图 4 - 76 所示,首端长度、末端长度是指线段端点需要空出的距离;压线数目可以根据需要输入(如 2 或 3),然后再输入与基准线的距离,最后确定即可(可根据图 4 - 76 中的数据设置先进行尝试)。

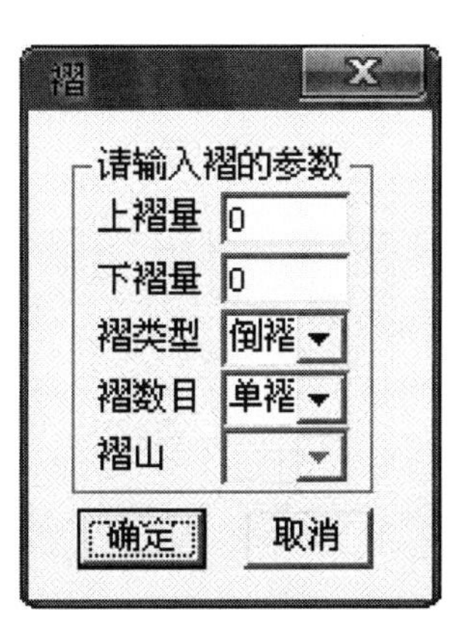

图 7 - 75

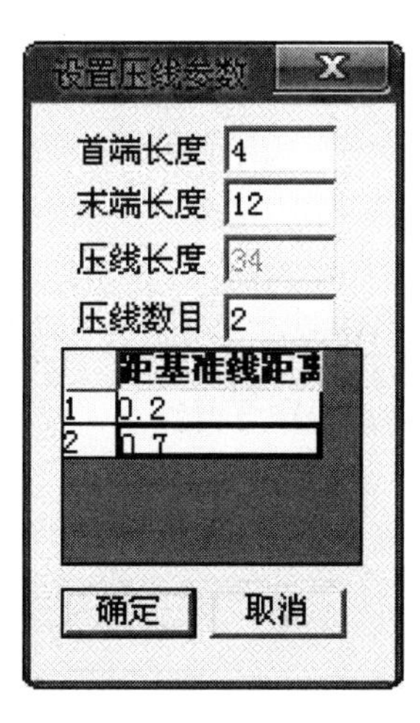

图 7 - 76

5. 扣 :标出纽扣或扣眼所在位置。选择工具后,左键点击纽扣的中心线,弹出“纽扣属性输入”对话框,如图 4 - 77 所示,用户根据需要选择“纽扣类型”、“间距类型”,然后填写好其他相关的信息,最后确定即可(可根据图 4 - 77 中的数据设置先进行尝试)。

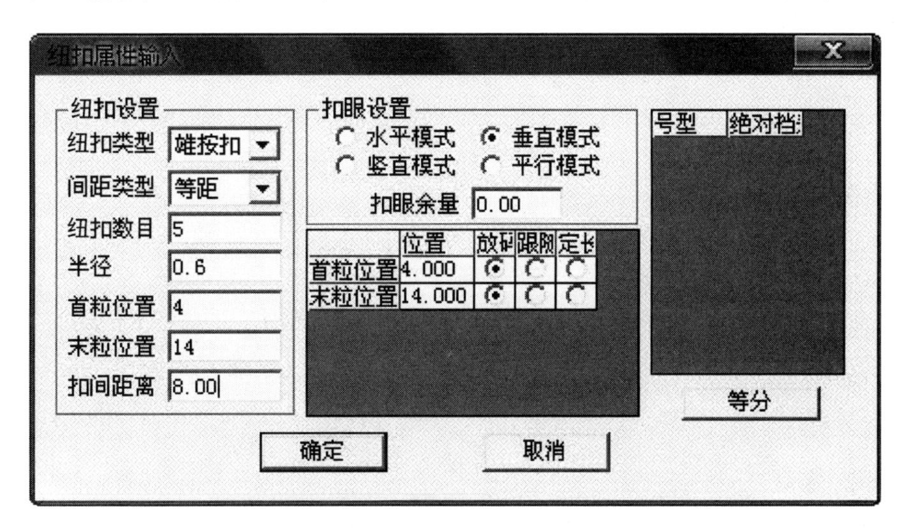

图 4 - 77

上机实习

1. 应用服装CAD软件的打板系统,按照教材中所描述的步骤完成基础裙样片处理。

2. 应用服装CAD软件的打板系统,按照教材中所描述的步骤完成西裤样片处理。

3. 应用服装CAD软件的打板系统,按照教材中所描述的步骤完成衬衫样片处理。

习题

1. 应用服装CAD软件的打板系统,按照图3-54所示的款式图,参照本章讲解的放缝步骤,完成变化连衣裙的CAD放缝。

放缝要求:下摆3cm;袖窿处0.8cm;其余1cm;要绘制出领、袖贴边。

2. 应用服装CAD软件的打板系统,按照图3-55所示的款式图,参照本章的放缝步骤,完成变化紧身裤的CAD放缝。

放缝要求:裤脚边3cm;其余1cm。

3. 应用服装CAD软件的打板系统,按照图3-56所示的款式图,参照本章的放缝步骤,完成变化女西装的CAD放缝。

放缝要求:下摆和袖口边3.5cm;其余1cm。

第五章　服装 CAD 放码

本章要点

学习和掌握样板放码所对应的各工具的功能和操作方法。通过多个样板放码的实战练习，实现灵活地应用样板放码各工具的功能和操作方法。

本章难点

灵活地应用放码工具。

学习方法

用户可先依据本章节的文字描述进行学习和操作练习，如仍有不理解之处可以借助浙江省精品课程《服装 CAD》网站（http://jp.wzvtc.cn/wzcad）中的网络课堂下的教学视频进行学习。

第一节　基础裙 CAD 放码

一、放码（推码）软件的启动与设置

双击打开放码软件快捷方式（如图 1－8），点击打开工具，在对话框里选择放好缝的文件（如打开女衬衫样板）并确定。然后会弹出“号型设置”对话框，用户需根据要求输入号型数据（号型一定要排好顺序），通过双击颜色的色块可以修改颜色，然后点击确定即进入放码操作界面，如图 5－1 所示。界面区域功能的介绍如图 1－11 所示，进入界面后点击裁片管理区中的样片，把样片调入放码操作界面，如图 5－2 所示，然后才可以进行放码操作。

二、基础裙 CAD 放码要求

放码系统的界面介绍在第一章第三节已讲解清楚，而基础裙的样片设定和放缝已在前一章讲解完成，本项目是在此基础上进行放码操作。

1. 按照表 5－1 所给的档差数据对基础裙进行放码。
2. 对基础裙所有样片进行放码，放码数值如图 5－3 所示，保存放码结果。

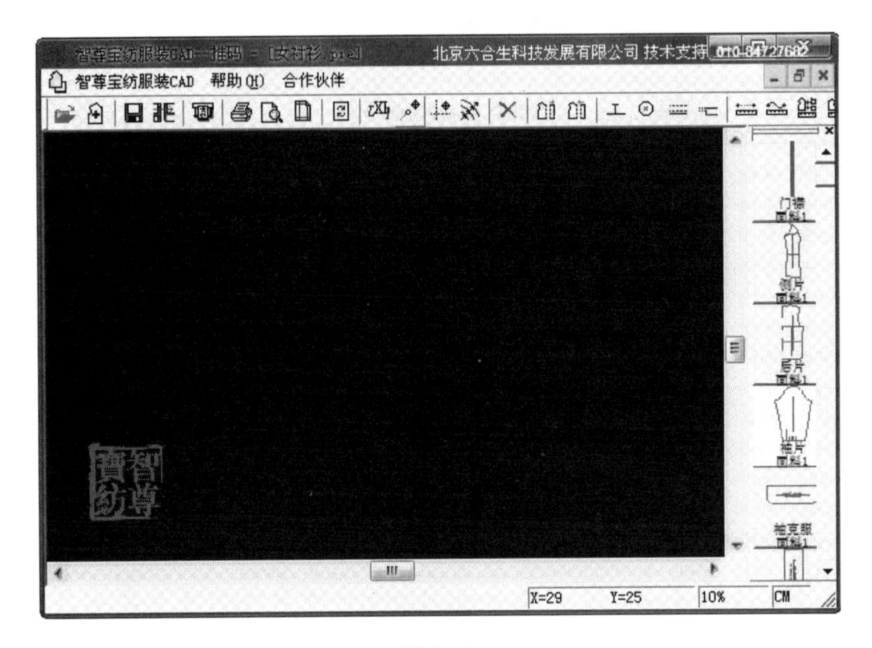
智尊宝纺服装CAD—推码 - [女衬衫.piel]
北京六合生科技发展有限公司 技术支持 010-84727682
智尊宝纺服装CAD 帮助(H) 合作伙伴
门襟
面料1
侧片
面料1
后片
面料1
袖片
面料1
面料1
X=29
Y=25
10%
CM

图5－1

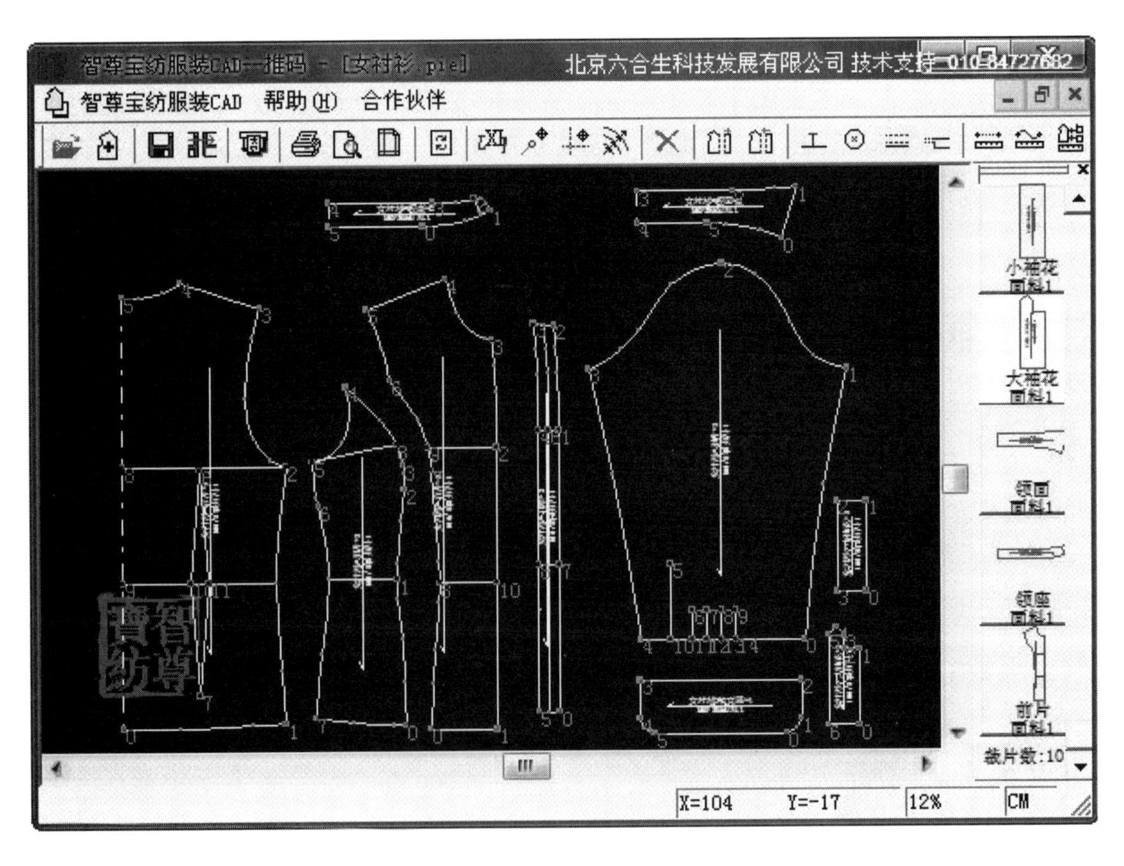
智尊宝纺服装CAD—推码 - [女衬衫.piel]
北京六合生科技发展有限公司 技术支持 010-84727682
智尊宝纺服装CAD 帮助(H) 合作伙伴
小袖花
面料1
大袖花
面料1
领面
面料1
领座
面料1
前片
面料1
裁片数:10
X=104
Y=-17
12%
CM

图5－2

表5－1　　单位:cm

规格 部位 号型	腰围	臀围	裙长
S	66	90	58
M	68	92	60
L	70	94	62

三、项目工具讲解

(一)本项目应用到的工具和操作

1. 放码操作:设置号型、点推码和跟随点放码等操作。

2. 放码工具:复制X值、复制Y值、复制负的X值、复制负的Y值、同时复制X和Y值工具等。

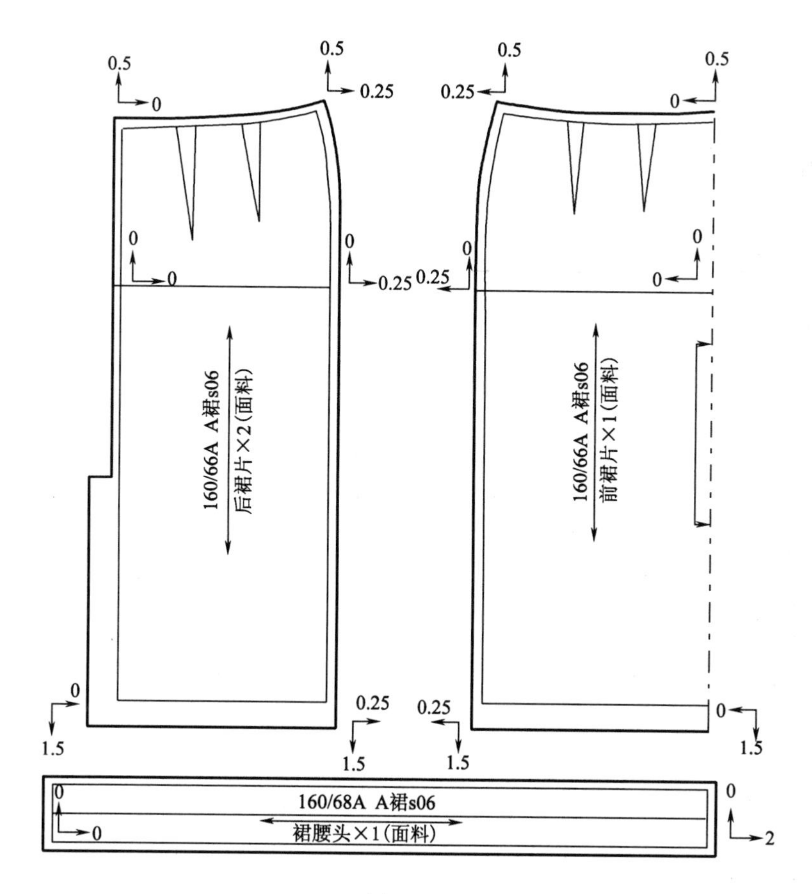

图5－3

(二)新工具和新操作讲解

本节所用到的工具和操作都是之前没有涉及的新工具和新操作。

1. 设置号型:用于设置放码的号型及各部位数据。

操作:进入放码软件后,点击设置号型,会弹出“设置号型”对话框,在对话框里按照表5-1的要求输入各号型和规格数据(与第二章的规格输入相似)。注意号型排列要通过“上移”或“下移”排出先后顺序,否则容易出错。

2. 点推码:用于输入操作点的放码数据。

操作:选择点推码工具,弹出对话框,如图5-4所示,然后左键点击图5-6中的左端点,在对话框里输入图5-5虚框中的放码数值(X向右为正,Y向上为正),最后点对话框右下角的放码按钮即可,结果如图5-7所示。

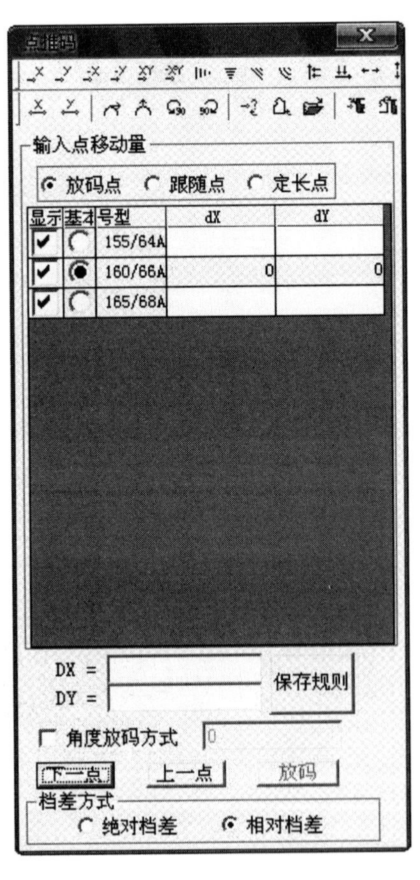

图5-4

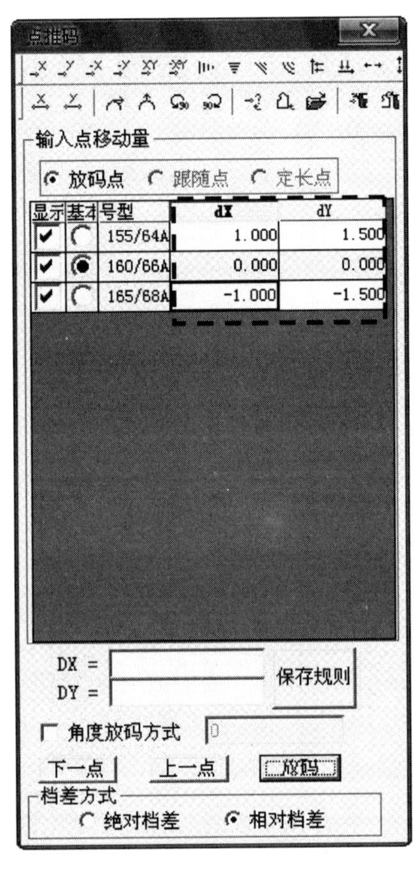

图5-5

3. 复制X向放码值:已有放码好的点(图5-7中的左端点)和没操作过的点(图5-7中的右端点),现在要求将左端点的X向放码值拷贝给右端点。在点推码的条件下,左键点击右端点,然后选择“复制X向放码值”工具,再左键点击左端点即可,操作结果如图5-8所示。

图 5 - 6

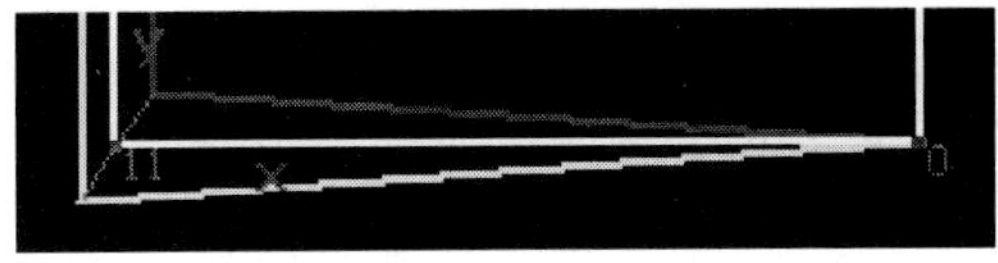

图 5 - 7

4. 复制 Y 向放码值：已有放码好的点，如图 5 - 8 中的左端点和右端点，现在要求将左端点的 Y 向放码值拷贝给右端点。在点推码的条件下，左键点击右端点，然后选择“复制 Y 向放码值”工具，再左键点击左端点即可，操作结果如图 5 - 9 所示。

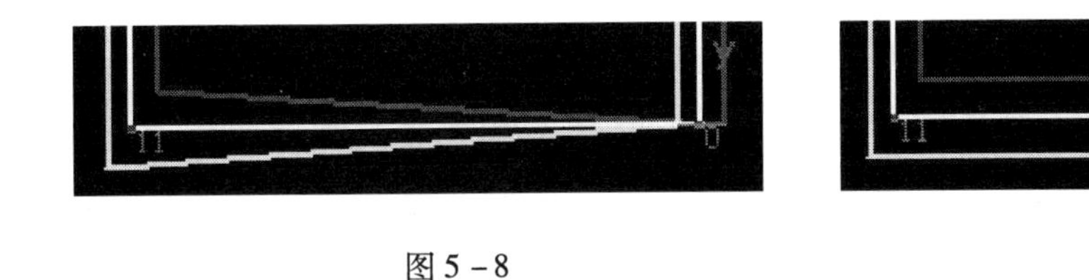

图 5 - 8

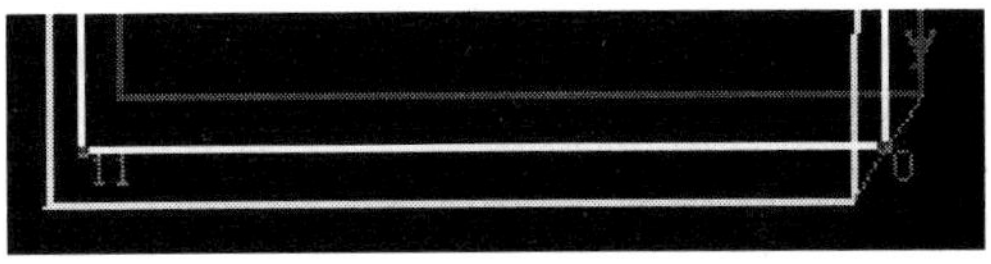

图 5 - 9

5. 复制负的 X 向放码值：将图 5 - 7 中的左端点的 X 值用“复制负的 X 向放码值”工具复制给右端点。在点推码的条件下，左键点击右端点，然后选择“复制负的 X 向放码值”工具，再左键点击左端点即可，得到的结果如图 5 - 10 所示（操作结果与“复制 X 向放码值”方向相反）。

6. 复制负的 Y 向放码值：将图 5 - 8 中的左端点的 Y 值以“复制负的 Y 向放码值”工具复制给右端点。在点推码的条件下，左键点击右端点，然后选择“复制负的 Y 向放码值”工具，再左键点击左端点即可，得到的结果如图 5 - 11 所示（操作结果与“复制负的 Y 向放码值”方向相反）。

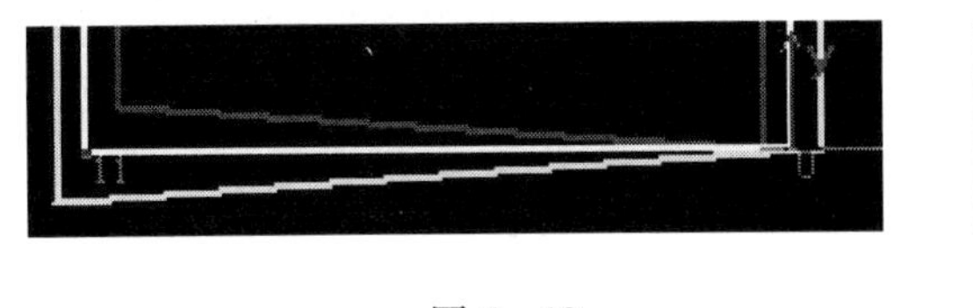

图 5 - 10

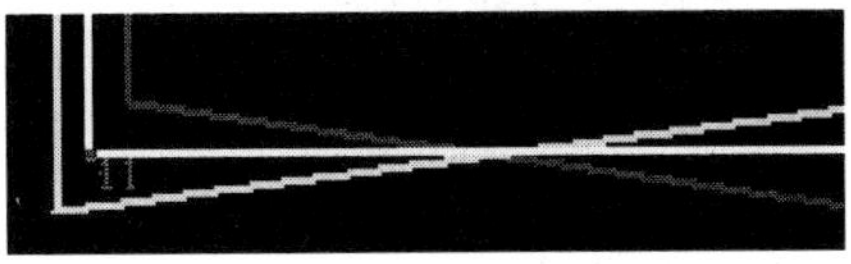

图 5 - 11

7. 同时复制 X 向和 Y 向放码值：已有放码好的点（图 5 - 7 中的左端点）和没操作过的点（图 5 - 7 中的右端点），在点推码的条件下，左键点击右端点，然后选择“同时复制 X 向和 Y 向放码值”工具，再左键点击左端点即可，操作结果如图 5 - 9 所示。

8. 跟随点的放码：在点推码的条件下，左键点击跟随点，然后在图 5 - 4 对话框中，用左键在“输入点移动量”下面点击“放码点”，然后就可通过数据的输入和修改来进行放码。

四、项目操作步骤与图示

打开基础裙样板，然后按照如图 5－3 所示的放码数值进行放码。

（一）后片的放码操作

1. 单点放码：所有点都可以通过单点放码操作进行放码，局限是放码速度慢。

选择点推码 会弹出如图 5－4 所示的对话框，然后左键点击图 5－12 中的 A 点，在图 5－4 的对话框里输入图 5－3 对应点的数据（X 向 0.25，Y 向 0.5，具体输入数据如图 5－3 所示），再点击对话框右下角的“放码”按钮，最后结果如图 5－14 所示。

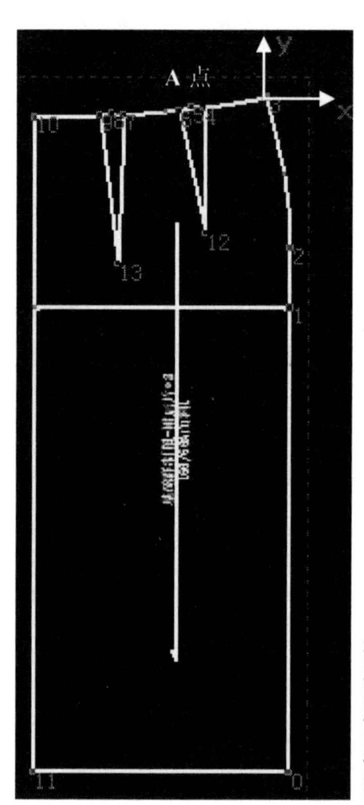

图 5－12

号型	dX	dY
155/64A	-0.25	-0.5
160/66A	0.000	0.000
165/68A	0.25	0.5

图 5－13

图 5－14

2. 多点放码：放码值相同的点可以通过多点放码操作进行放码。

选择点推码 后，用框选的方式，选择腰围线上的所有点（这些点的 Y 向数值相同），然后在对话框里输入图 5－15 所示的数据，再点击放码按钮，最后结果如图 5－16 所示。

号型	dX	dY
155/64A	0.000	-0.500
160/66A	0.000	0.000
165/68A	0.000	0.500

图 5－15

3. 其余的如侧缝线的所有点的 X 向数值相同以及

下摆线的 Y 向数值相同等，都可以通过以上两种放码的操作进行，数据图 5－3 中已经提供，重复操作不再累述，最终后片的放码结果如图 5－17 所示。

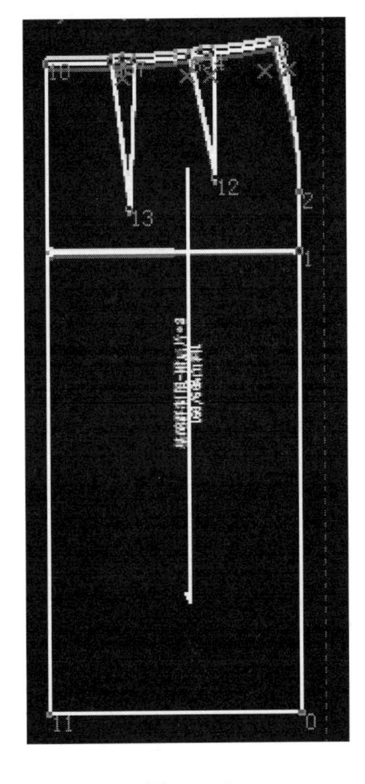

图 5－16

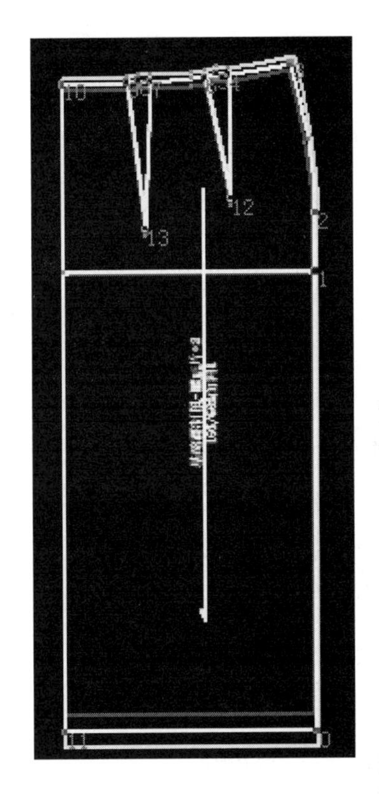

图 5－17

(二) 前片的放码操作

1. 单点复制：所有点都可以通过这种复制操作进行，局限是速度慢。

在点推码状态下，左键点击图 5－18 中的 A 点，然后选择复制 Y 向放码值工具，再左键点击图 5－18 中的 B 点，结果如图 5－19 所示；然后选择复制负的 X 向放码值工具，再次左键点击图 5－18 中的 B 点，结果如图 5－20 所示。

2. 多点复制：某一方向放码值相同的点可以通过这种放码操作进行放码。

在点推码状态下，框选图 5－21 中前片下摆的两个点（D 点和 E 点，这两个点 Y 向的数值相同），然后选择复制 Y 向放码值工具，再左键点击图 5－21 中后片的下摆点（C 点），结果如图 5－22 所示。再框选前片侧缝所有的点（这些点的 X 向的数值相同），然后选择复制 X 向放码值工具，再点击图 5－22 中腰围线左端点（A 点），结果如图 5－23 所示。

3. 腰围线上的所有点的 Y 向数值相同，因此也可以进行多点复制。其余各点都可以通过以上两种复制放码值的操作进行，数据图 5－3 中已经提供，重复操作不再累述，最终后片的放码结果如图 5－24 所示。

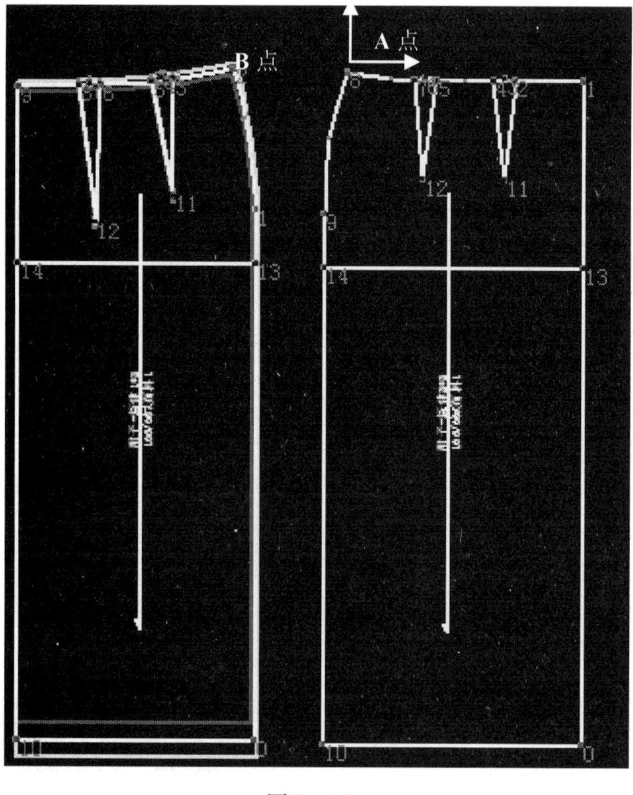

图 5－18

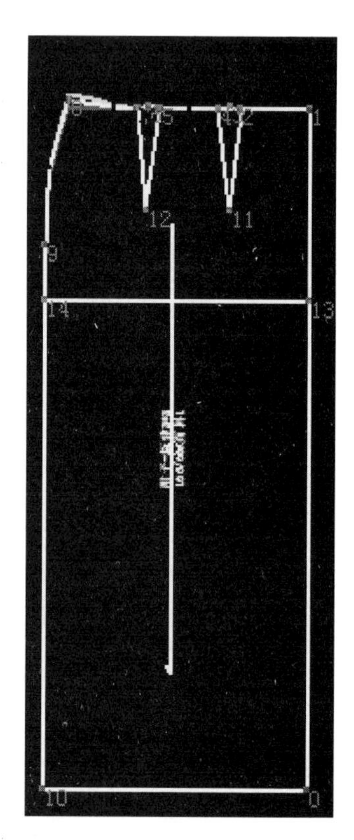

图 5－19

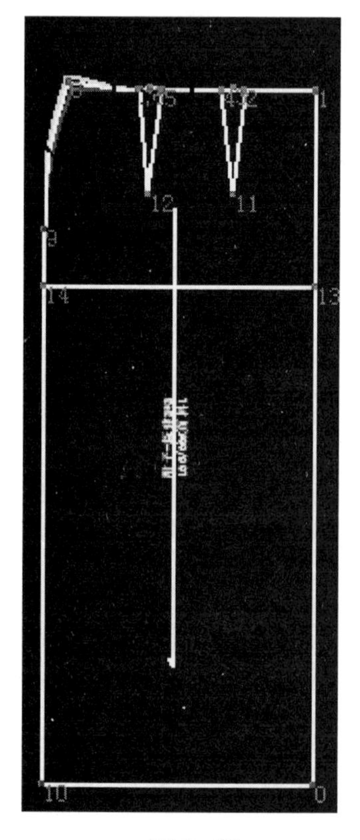

图 5－20

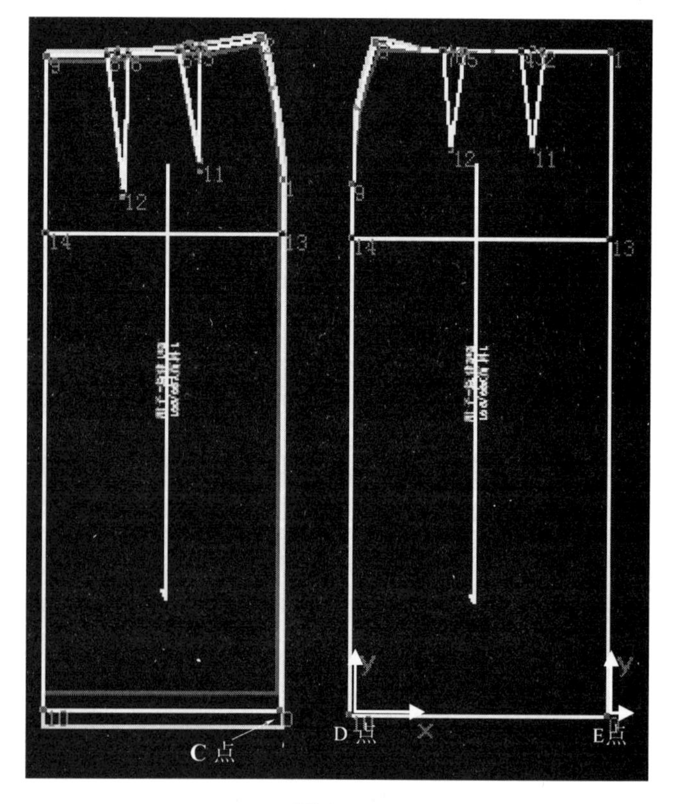

图 5－21

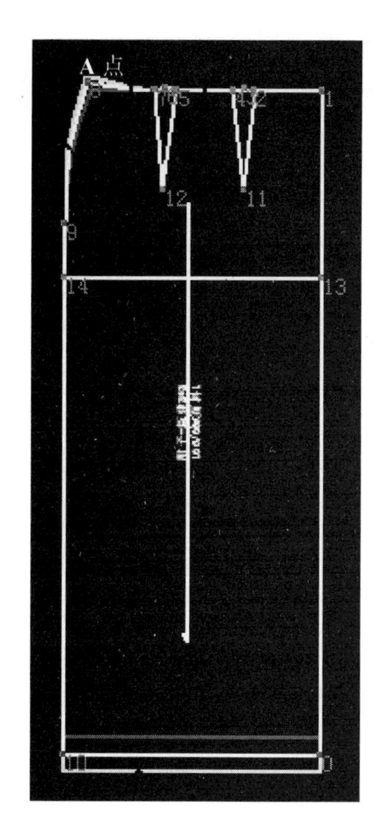

图5－22

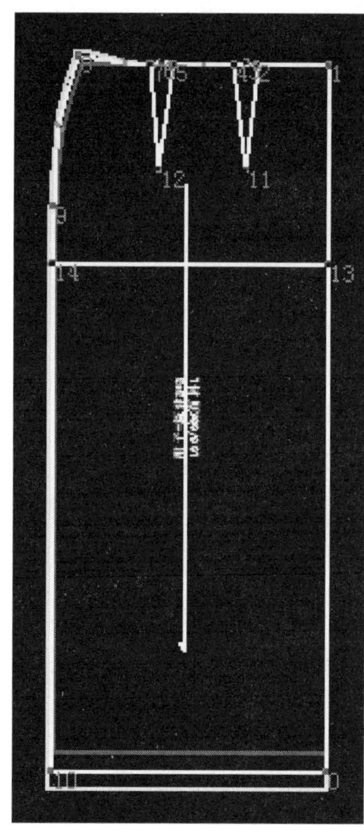

图5－23

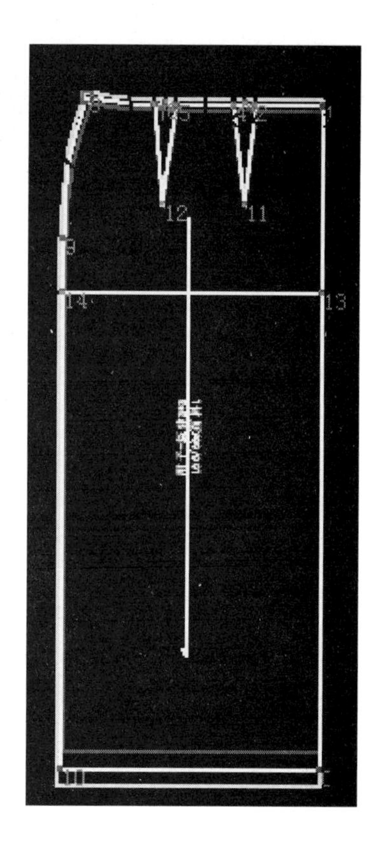

图5－24

里料的放码操作和面料的相似，读者可以自己完成，完成后保存文件。

第二节　西裤CAD放码

一、西裤CAD放码要求

西裤的样片设定和放缝已在前一章讲解完成，本项目是在此基础上进行放码操作。

1. 按照表5－2所给的档差数据对西裤进行放码。

2. 对西裤所有样片进行放码，放码数值如图5－25所示（零部件放码可以用工艺中拼接部位对应点的放码值相同的原则由读者自己推算完成），保存放码结果。

表5－2　　单位：cm

规格 部位 号型	裤长	臀围	腰围	上裆	脚口	腰头宽
S	99	98	74	24.25	20	4

续表

规格 部位 号型	裤长	臀围	腰围	上裆	脚口	腰头宽
M	102	100	76	25	21	4
L	105	102	78	25 .75	22	4

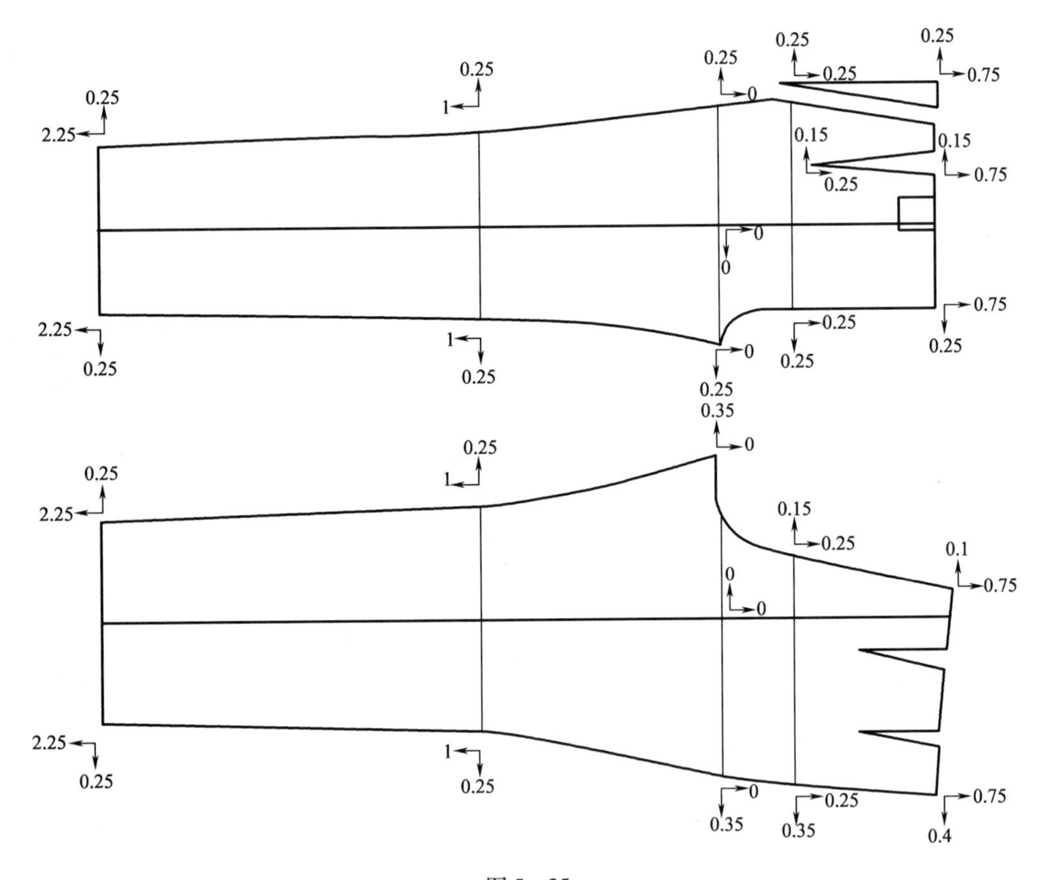

图 5 - 25

二、项目工具讲解

(一) 本项目应用到的工具和操作

1. 放码操作:设置号型、点推码等操作。

2. 放码工具:复制 X 值、复制 Y 值、复制负的 X 值、复制负的 Y 值、同时复制 X 和 Y 值、保存点放码数值、保存样片放码数值等。

(二)新工具和新操作讲解

1. 保存点放码数值：将操作好的现有的放码点保存起来以备将来应用。

2. 保存样片放码数值：将操作好的现有样片的放码数据保存起来以备将来应用。

这两个工具的具体操作直接在项目中讲解，在本项目的最后部分。

三、项目操作步骤与图示

打开西裤样板，然后按照如图 5－25 所示的放码数值进行放码。

1. 相同值的统一放码（放码速度很快）：左键点击点推码，然后选择裤前片侧缝线上的所有点、斜插袋垫袋布所有点和后裤片内裆裤缝线靠近脚口的两个点，在“点推码”对话框（图 5－4）里输入 Y 向变化数据 0.25（小号为负），再点击放码按钮，最后结果如图 5－26 所示。由于 0.25 数值相对较小，所以图片不能清楚显示。

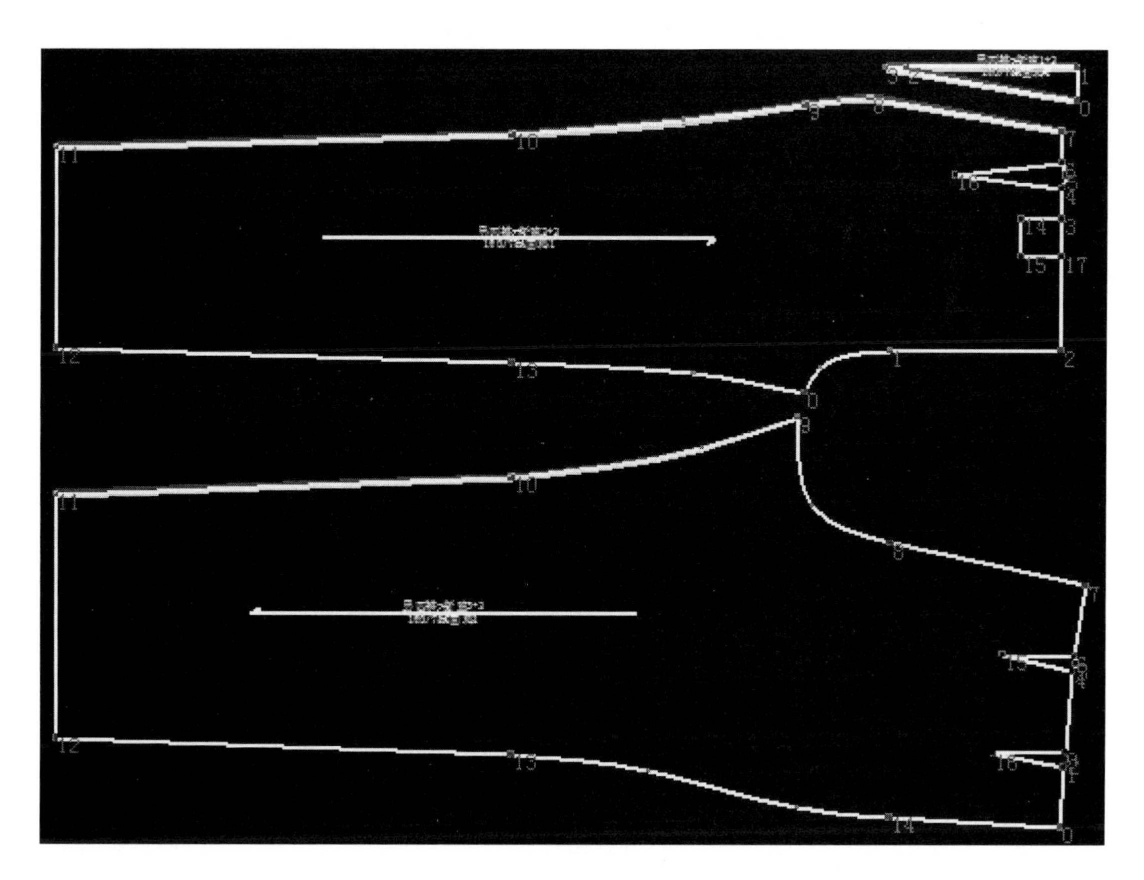

图 5－26

2. 多点复制放码：在点推码状态下，框选前片前裆线上的所有点、下裆裤缝上的所有点以及后裤片侧缝靠近脚口的两个点（这些点的 Y 向的数值相同），然后选择复制负的 Y 向放码值工具，再左键点击图 5－26 中已经放码的任意一点，结果如图 5－27 所示。

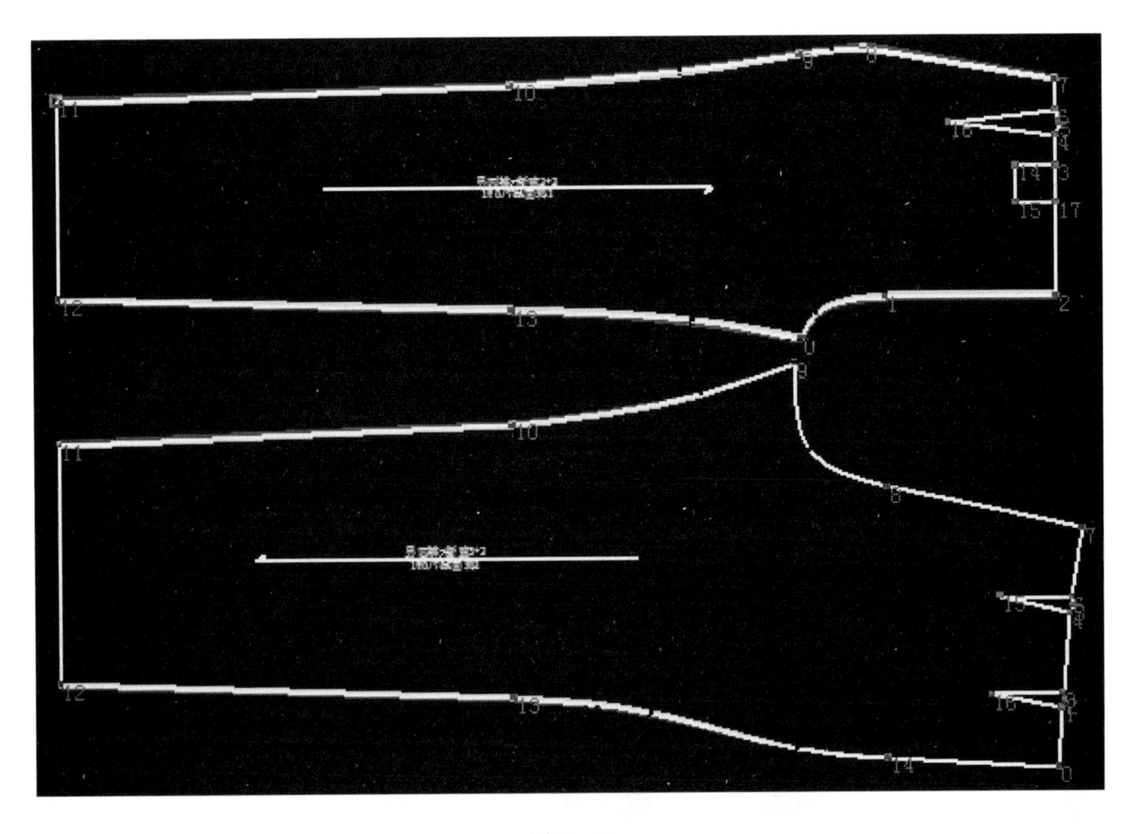

图 5－27

3. 其余各点都可以通过以上两种放码的操作进行，数据图 5－25 中已经提供，重复操作不再累述，最终后片的放码结果如图 5－28 所示。

4. 将已放码好的裤片上的点保存起来。在点推码状态下，左键点击图 5－28 中的 A 点，即后片腰围线与后裆斜线的交点，然后点击保存点放码数值工具，会弹出放码数值保存对话框，如图 5－29 所示，在文件名对应的窗口中为该点放码值取名，如“后裤片腰围线与后裆交点放码值”，点击“保存”即可，以后有相似的放码点就可以调用。

5. 将已放码好的裤片放码值以样片的形式保存起来。在点推码状态下，左键点击前裤片（单击前裤片的纱向线上即可），然后点击保存样片放码数值，会弹出放码数值保存对话框，如图 5－30 所示，在文件名对应的窗口中为该样片放码值取名，如“前裤片放码值”，保存即可，以后有相似的样板就可以调出应用。

6. 零部件的放码操作留给读者自己完成，完成后保存文件。

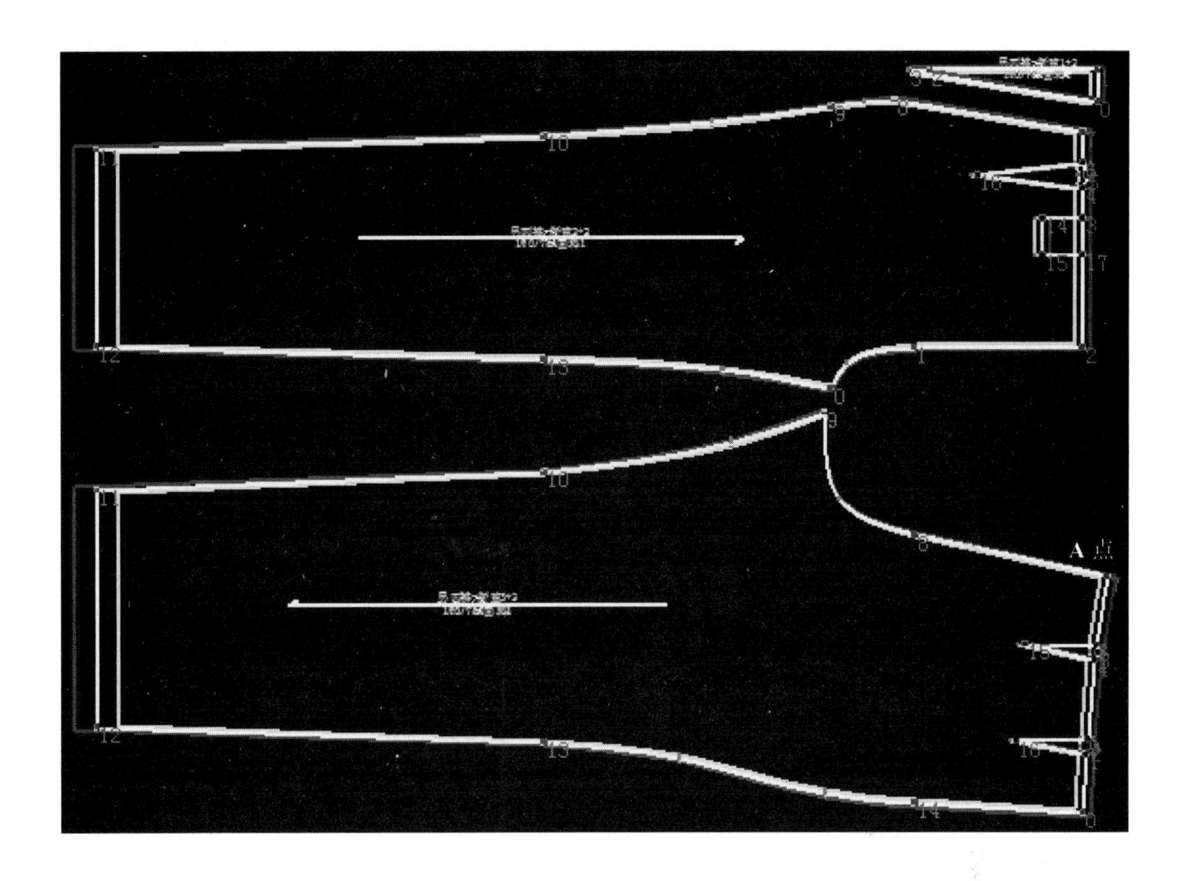

图 5－28

另存为

保存在(I): 企业版

西裤

前裤片侧缝-下摆交点放码值.dr

文件名(N): 后裤片腰围线与后裆交点放码值.dr

保存类型(T): 点放缩规则文件 (*.dr)

保存(S)

取消

图 5－29

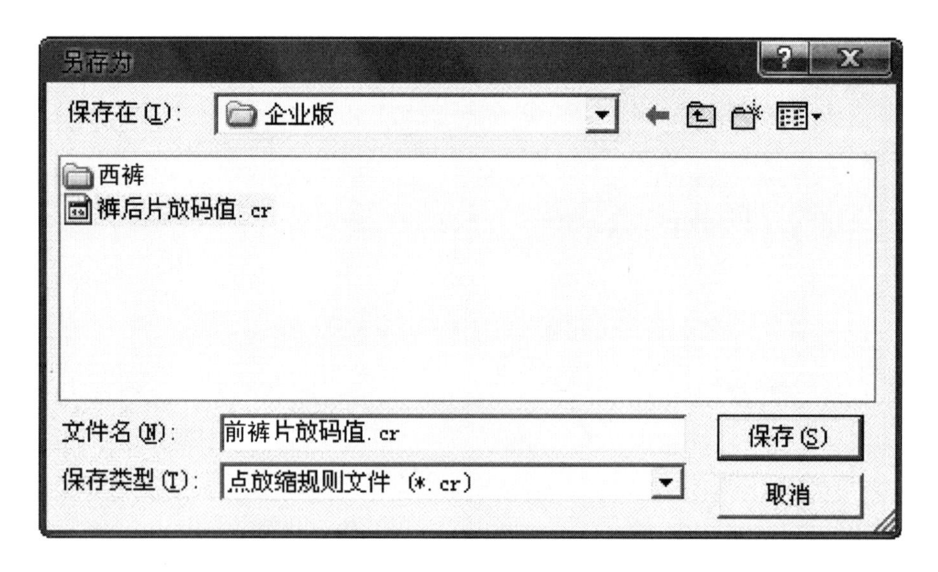

图 5－30

第三节　女衬衫 CAD 放码

一、女衬衫 CAD 放码要求

女衬衫的样片设定和放缝已在前一章讲解完成,本项目是在此基础上进行放码操作。

1. 按照表 5－3 所给的档差数据进行女衬衫放码。

2. 对女衬衫所有样片进行放码,放码数值如图 5－31 所示(零部件放码可以用,工艺中拼接部位对应点的放码值相同的原则由读者自己推算完成),保存放码结果。

3. 读者需要预先将衬衫先放码,再将放码点的数据和样片的放码值保存起来,然后才能进行导入点放码数值或导入样片放码数值工具的操作。

表 5－3　　单位:cm

部位 规格 号型	衣长	胸围	领围	肩宽	袖长	袖口围
S	58	86	41	37	55.5	21
M	60	90	42	38	57	22
L	62	94	43	39	58.5	23

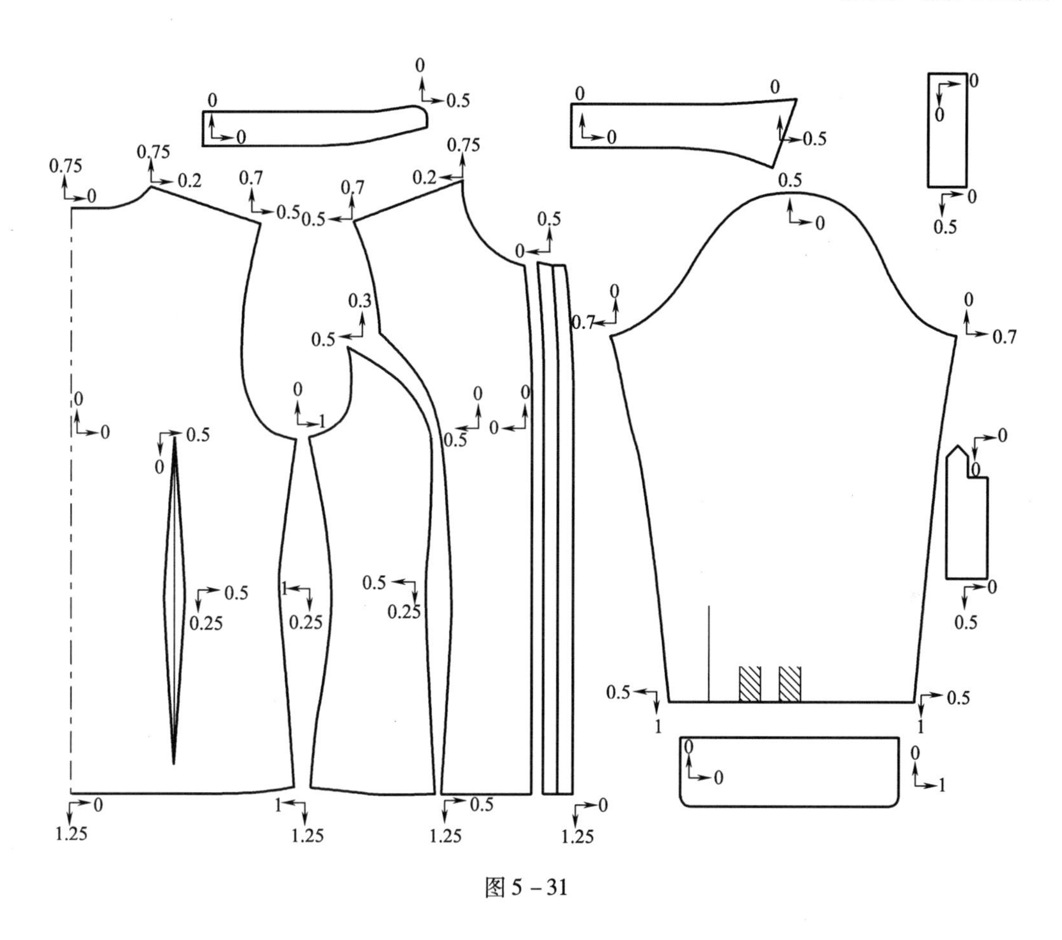

图 5－31

二、项目工具讲解

(一)本项目应用到的工具和操作

1. 放码操作:设置号型、点推码等操作。

2. 放码工具:导入点放码数值、导入样片放码数值等。

(二)新工具和新操作讲解

1. 导入点放码数值:将预先保存好的放码点的数据导入到所选的操作点上。

2. 导入样片放码数值:将预先保存好的样片的放码数据导入到所选的操作样片上。

三、项目操作步骤与图示

打开放码软件,然后打开女衬衫样板,再点击裁片管理区中的样片,从裁片管理区把样片调入放码操作界面,操作结果如图 5－32 所示。

1. 导入点放码数值:在点推码的状态下,点击图 5－33 所示的 A 点,再点击导入点放码数值工具,弹出如图 5－34 所示的对话框,选择对应的点后点击“打开”,此时该放码

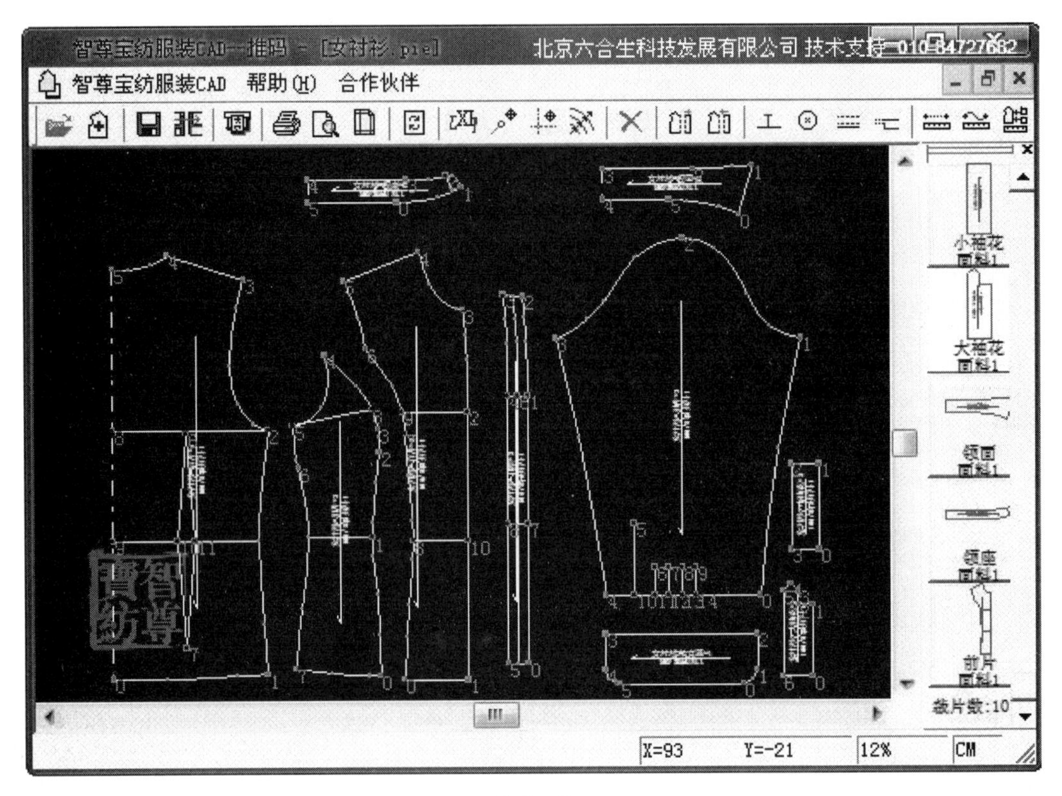

图 5－32

点的数据已经调入点放码对话框中，如图 5－35 所示，再点击“放码”按钮即可得到放码结果，如图 5－36 所示；再用复制工具即可完成其他点放码，结果如图 5－37 所示。

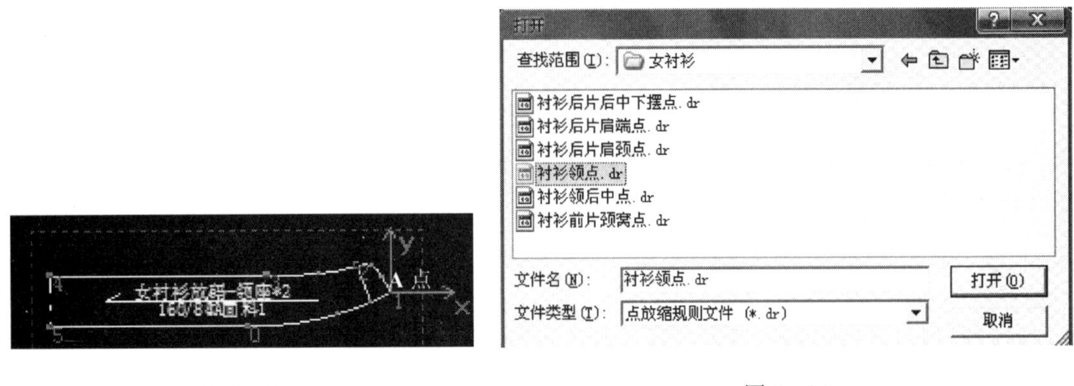

图 5－33　　图 5－34

2. 导入样片放码数值 ：在点推码 的状态下，左键点击领面样片的纱向线，选择领面，如图 5－38 所示，然后点击导入样片放码数值 工具，弹出对话框，如图 5－40 所示（黑色区域为所选样片的预览区），选择对应的样片后点击打开，即得到放码结果如图 5－39 所示。

3. 其余各点都可以通过以上两种放码的操作进行，重复操作不再累述，最终后片的放码结果如图 5－41 所示，完成后保存文件。

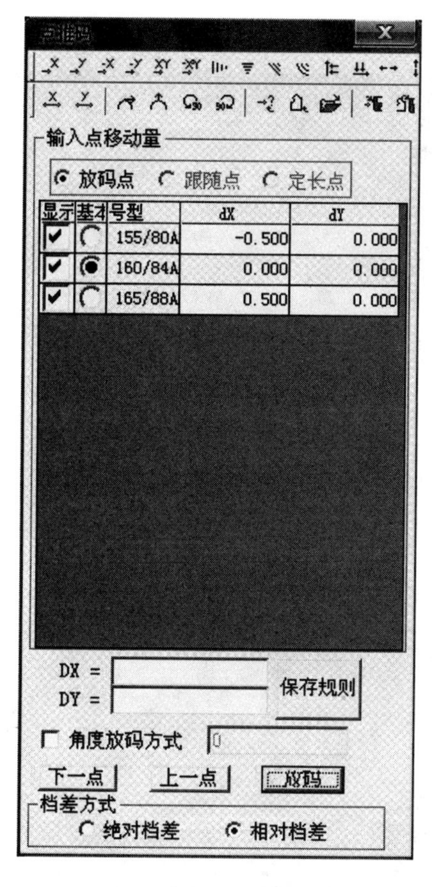

图 5－35

图 5－36

图 5－37

图 5－38

图 5－39

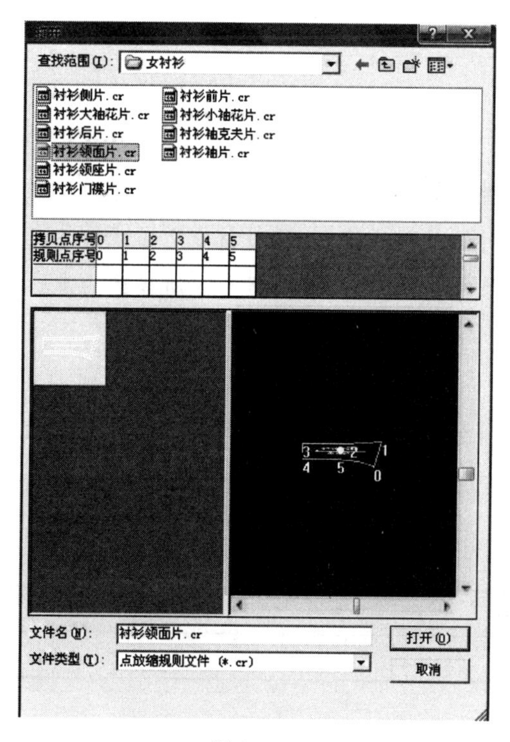

图 5－40

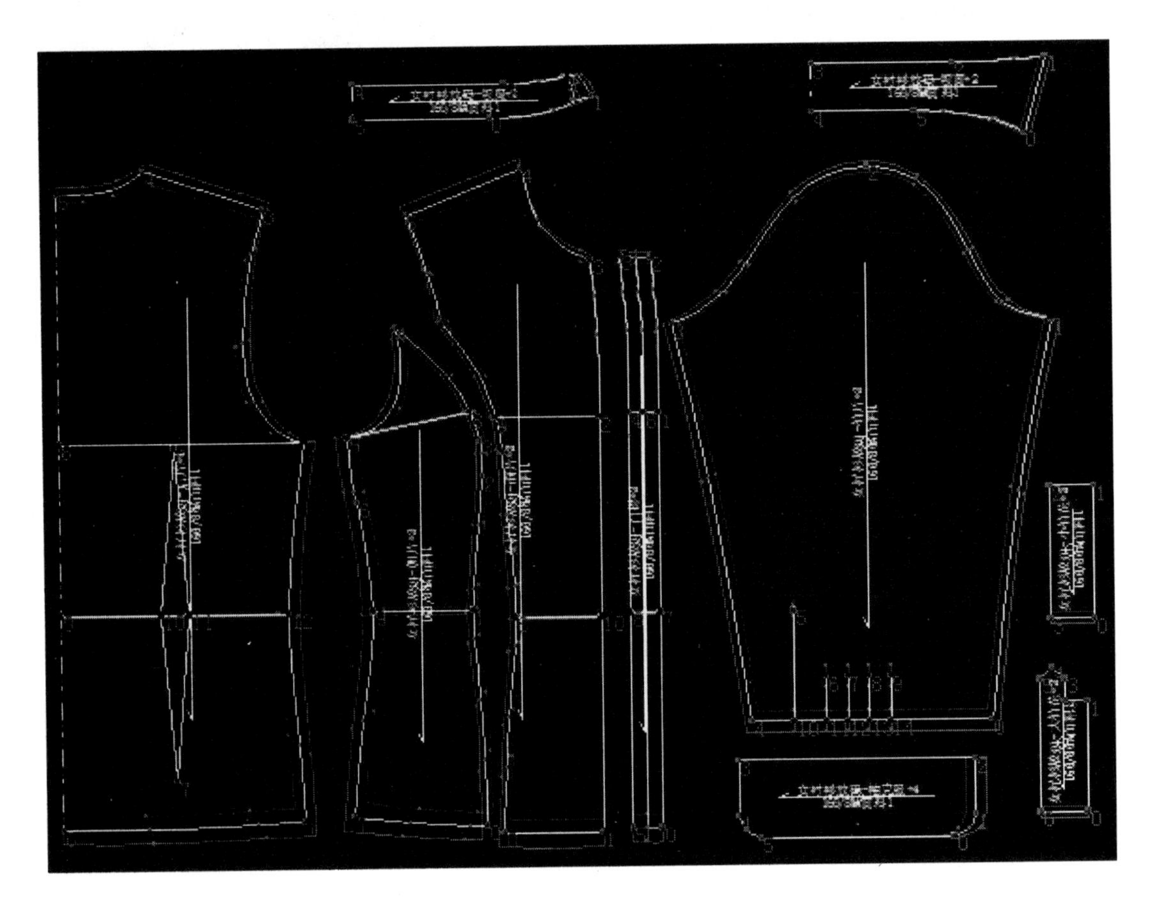

图5-41

上机实习

1. 应用服装CAD软件的放码系统,按照教材中所描述的步骤完成基础裙样片处理。
2. 应用服装CAD软件的放码系统,按照教材中所描述的步骤完成西裤样片处理。
3. 应用服装CAD软件的放码系统,按照教材中所描述的步骤完成衬衫样片处理。

习题

1. 应用服装CAD软件的放码系统,按照图3-54所示的款式图和表5-4中的放码档差要求,参照教材中的结构变化步骤,完成变化连衣裙项目的CAD放码。

表5-4　　单位:cm

连衣裙	部位	衣长	肩宽	胸围	背长
	档差	3	1	4	1

2. 应用服装CAD软件的放码系统,按照图3-55所示的款式图和表5-5中的放码档差

要求，参照教材中的结构变化步骤，完成变化紧身裤项目的CAD放码。

表5-5 单位：cm

紧身裤	部位	裤长	腰围、臀围	上裆	裤口宽
	档差	3	2	0.7	0.5

3. 应用服装CAD软件的放码系统，按照图3-56所示的款式图和表5-6中的放码档差要求，参照教材中的结构变化步骤，完成变化女西装项目的CAD放码。

表5-6 单位：cm

女西装	部位	衣长	肩宽	胸围	背长
	档差	1.7	1	4	1

第六章　服装 CAD 排料

本章要点

学习和掌握服装 CAD 排料系统所对应的各工具的功能和操作方法。再通过排料项目的实战练习，掌握排料方案的确定，实现综合应用服装 CAD 排料系统工具和操作方法。

本章难点

灵活地应用排料工具。

学习方法

用户可先依据本章节的项目文字描述进行学习和操作练习，如仍有不理解之处可以借助浙江省精品课程《服装 CAD》网站（http://jp.wzvtc.cn/wzcad）中的网络课堂下的教学视频进行学习。

第一节　服装 CAD 排料系统功能

一、服装 CAD 排料系统的基础设置

排料系统的界面介绍在第一章第三节，下面进行服装 CAD 排料系统的基础设置。在排料操作之前，需要将样片调入排料系统，并且根据实际情况（硬件设备、生产要求、面料特征等）设定好该床的套排件数设定，布料设置等。

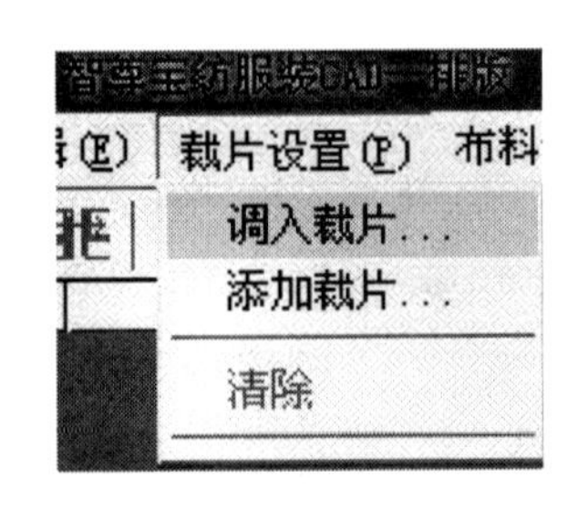

图 6－1

1. 样片调入设置：打开服装 CAD 排料系统后，点击菜单栏中的“裁片设置”选项下的“调入裁片”（图 6－1），会弹出对话框（图 6－2），在对话框里选择完成放码的文件（没放码的文件也可打开，但只能对中号的样片进行操作），点击“打开”按钮，系统会出现“件数设置”对话框（图 6－3），用户要根据实际生产情况对该床排料进行件数设置（如进行图 6－4 中的设置），点击“确定”完成样片调入设置，结果如图 6－5 所示。

2. 布料设置：点击菜单栏中的“布料设置”选项下的“布料

设置”(图 6 -6),也可以点击常用工具栏中的布料设置▦工具,系统界面会出现布料设置栏,布料设置栏放大后如图 6 -7 所示(该图中的设置适合窄幅切割机,用于切割中号纸板),图 6 -8 中的布料设置是根据布料门幅和缩水特征而确定的设置,布料设置时要根据具体的实际情况和面料特征进行。设置完成后需要进行布料的确认,点击菜单栏中的“布料设置”选项下的“布料确认”,或者点击常用工具栏中的布料确认➡工具,即可完成布料的确认。

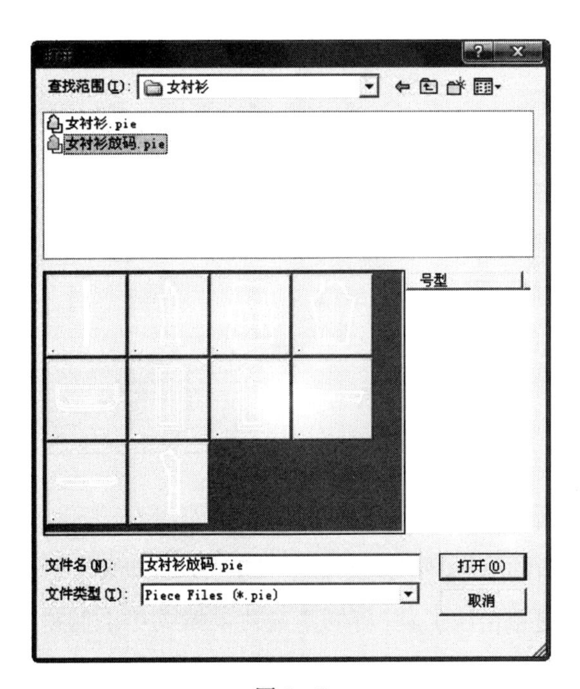

图 6 -2

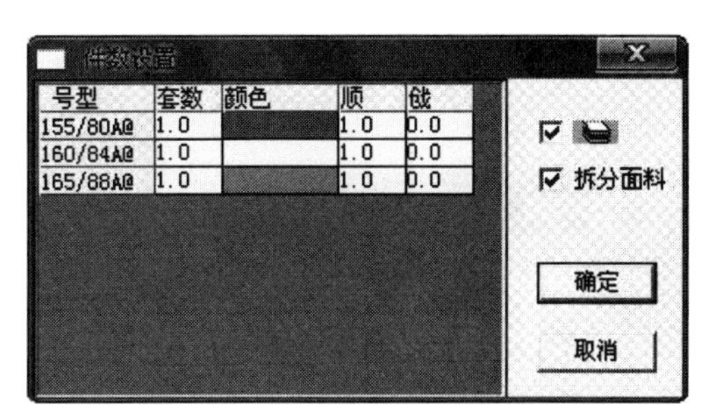

图 6 -3

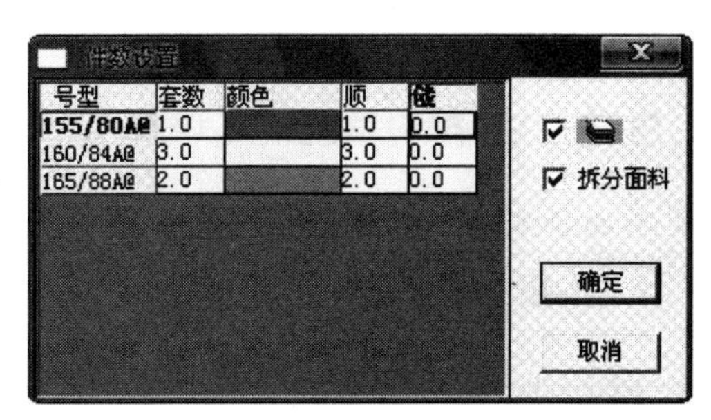

图 6 -4

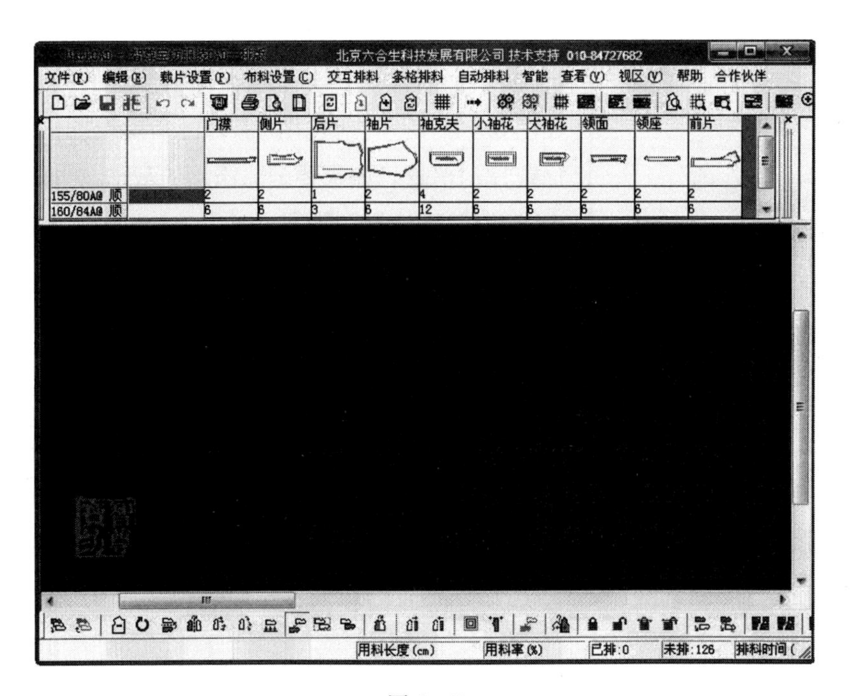

图 6 -5

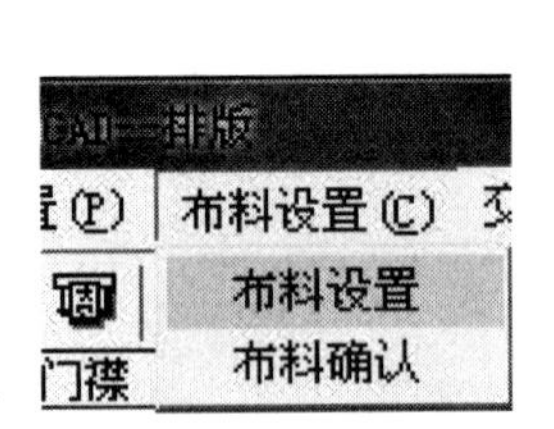

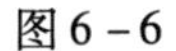

图6-6

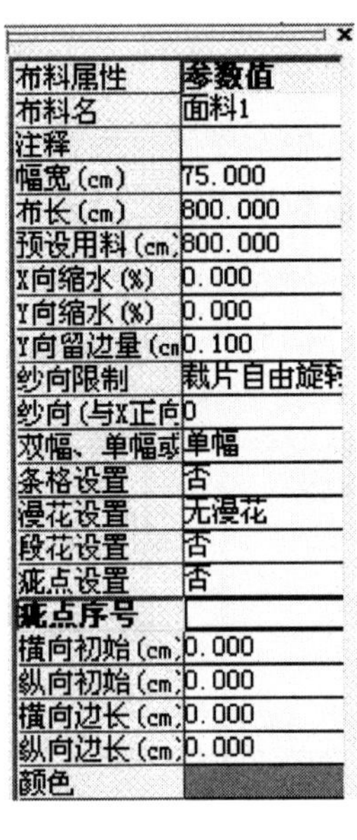

布料属性	参数值
布料名	面料1
注释	
幅宽(cm)	75.000
布长(cm)	800.000
预设用料(cm	800.000
X向缩水(%)	0.000
Y向缩水(%)	0.000
Y向留边量(cm	0.100
纱向限制	裁片自由旋转
纱向(与X正向	0
双幅、单幅或	单幅
条格设置	否
漫花设置	无漫花
段花设置	否
疵点设置	否
疵点序号	
横向初始(cm	0.000
纵向初始(cm	0.000
横向边长(cm	0.000
纵向边长(cm	0.000
颜色	

图6-7

布料属性	参数值
布料名	面料1
注释	
幅宽(cm)	142.000
布长(cm)	800.000
预设用料(cm	800.000
X向缩水(%)	0.000
Y向缩水(%)	0.000
Y向留边量(cm	0.100
纱向限制	同号型裁片1
纱向(与X正向	0
双幅、单幅或	单幅
条格设置	否
漫花设置	无漫花
段花设置	否
疵点设置	否
疵点序号	
横向初始(cm	0.000
纵向初始(cm	0.000
横向边长(cm	0.000
纵向边长(cm	0.000
颜色	

图6-8

二、服装CAD排料系统工具讲解

下面介绍的是排料系统常用工具的功能与操作。

1. 添加裁片 :在已打开的排料文件里添加新的裁片,实现同面料不同款式服装的套排。

操作:左键单击该工具(等同于裁片设置菜单下的添加裁片),会弹出添加裁片对话框,如图6-9所示,在对话框中找到对应的文件、裁片及号型(如合体西服文件下的大袖片,号型为170/88A),选择好后点击"打开"按钮即可,所添加的裁片就会出现在排料系统的裁片显示区域,如图6-10所示,对比图6-5可知黑线虚框区域为新添加裁片的信息。如果要删除添加的裁片,可以在裁片上单击右键,然后选择删除即可。

如果需要将整个新款的所有样片全都添加,可以用多次单片添加实现,最好是在同一制板文件中完成制板,然后放码再到排料。

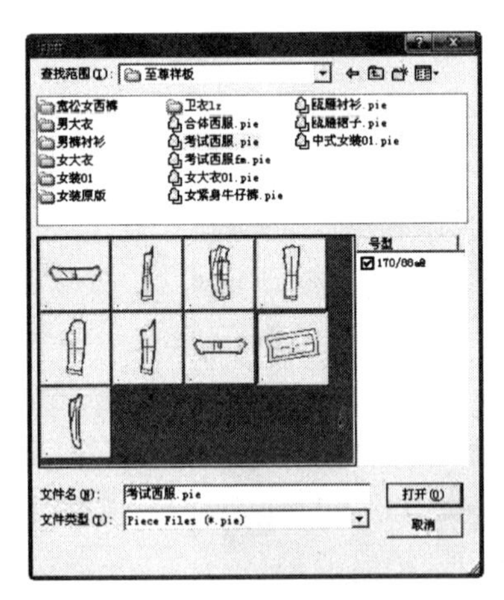

图6-9

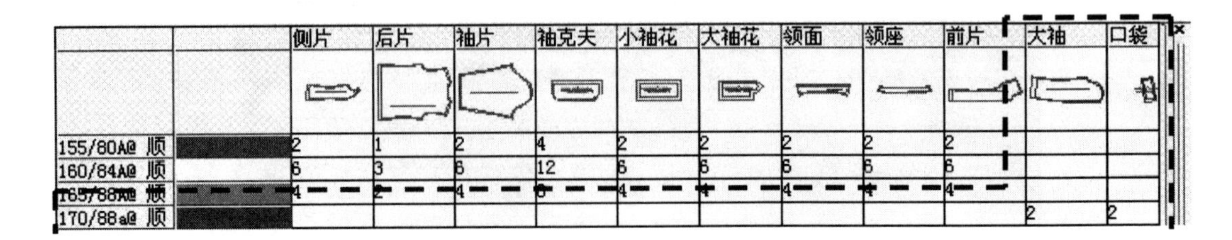

		侧片	后片	袖片	袖克夫	小袖花	大袖花	领面	领座	前片	大袖	口袋
155/80A@ 顺		2	1	2	4	2	2	2	2	2		
160/84A@ 顺		6	3	6	12	6	6	6	6	6		
165/88A@ 顺		4	2	4	8	4	4	4	4	4		
170/88A@ 顺											2	2

图6-10

2. 自动更新：能显示出用户操作过的排料文件的路径信息。

3. 取下所有裁片：可以快速将所有号型中的所有裁片一起放入排料区，但裁片的紧密程度很差，在应用“自动排料”功能之前，用该工具就会很方便，另外在大样片安排妥当后，用该工具取放小样片也十分方便。

4. 取消所有裁片：可以快速将所有号型的所有裁片一起由排料区放回到样片显示区。

5. 裁片取消：可以连续地将排料区的某一裁片放回到样片显示区。

操作：单击该工具后，左键再单击排料区的取消对象即可，裁片就可以放回到样片显示区，该操作可以连续操作。

6. 成组：将排料紧密的几个裁片组成一个整体，使它们在此后的排料过程中以一个整体出现。

操作：预先把几个裁片按紧密的方式排好，然后单击该工具，再用框选的方式将紧密排好的裁片都选中，裁片即完成成组操作（注意一定要确保成组的所有裁片都框选进去）。如果要解散成组，选择组解除工具，然后点击成组的样片即可。

7. 裁片缩水：可以设置裁片的径向（X向）和纬向（Y向）缩水率，点击该工具会弹出“放缩设置”对话框，如图6－11所示，用户可以根据需要设置缩水率。

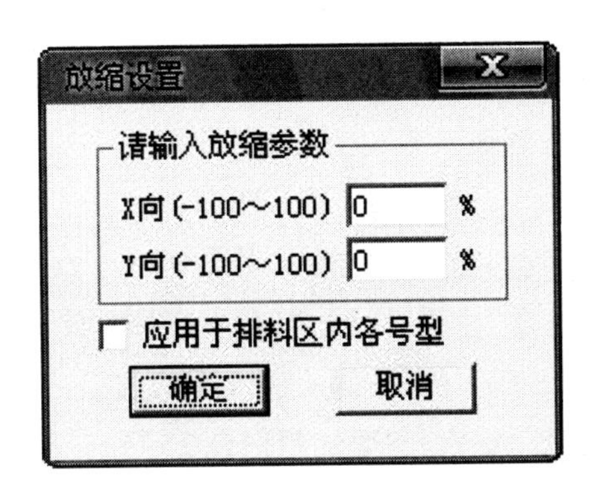

图6－11

8. 方向贴紧排料模式：改变原先的排料模式，操作方式也有不同。

（1）原先的排料模式：只要在点击裁片后松开并移动鼠标，就可进行裁片移动，鼠标移动到哪里，裁片就跟到哪里，再次点击左键，裁片就固定在该处。

（2）方向贴紧排料模式：点击裁片后松开并移动鼠标，裁片也会跟着移动，鼠标移动到哪里，裁片就跟到哪里，再次点击左键（此时裁片并没固定在该处），再次松开并移动鼠标，裁片不会跟着移动，但会多出一条方向线，方向线会随着鼠标的移动而变化。再次单击鼠标左键，裁片会朝着方向线所指的方向迅速移动，直至裁片的某一边缘与其他裁片或布边接触为止。

9. 显示竖直边线：在排料区紧靠最右端裁片的地方会出现一条竖直边线，以界定排料的用料范围，系统会计算出目前排料的利用率，并会在提示区显示布料利用率。

第二节　服装 CAD 排料

一、服装 CAD 排料要求

1. 以女衬衫生产件数为例，生产产品及数量要求见下表。

单位：cm

件数 颜色 号型	白色	浅绿
S	50	25
M	150	100
L	50	50

2. 面料特征：径向缩水率 5%；纬向缩水率 3%；面料去布边后的幅宽为 142cm。
3. 生产技术要求：裁刀可对提供面料进行最多 60 层的裁剪，裁床最大长度为 8m。

二、排料分析

根据生产要求，很明显发现白色各号的生产件数都大于浅绿的，现以白色和浅绿各 25 层进行第一床铺料设计，共 50 层，小于 60 层，符合生产技术要求。先安装一次性解决浅绿的裁剪需要，则该床需要套排 S 码 1 件、M 码 4 件、L 码 2 件。之后还剩下白色的 S 码 25 件、M 码 50 件没有裁剪，再安排第二床次，只要铺料白色 25 层，该床需要套排 S 码 1 件、M 码 2 件、L 码 0 件。

目前的主要问题是第一床的排料长度会不会超过裁床最大长度（8m），如果不超过，问题即得到解决。

三、项目操作步骤与图示

1. 打开排料系统。设置第一床次的排料件数，点击菜单栏中的“裁片设置”选项下的“调入裁片”，然后找到女衬衫文件，并打开文件，在件数设置对话框中输入如图 6－12 所示的数据。第二床次的件数设置则如图 6－13 所示。

2. 布料设置：点击菜单栏中的“布料设置”选项下的“布料设置”，并在出现布料设置栏按照面料特征进行布料设置，设定结果如图 6－14 所示，再点击 “布料设置”菜单栏中的

“布料确认”选项。

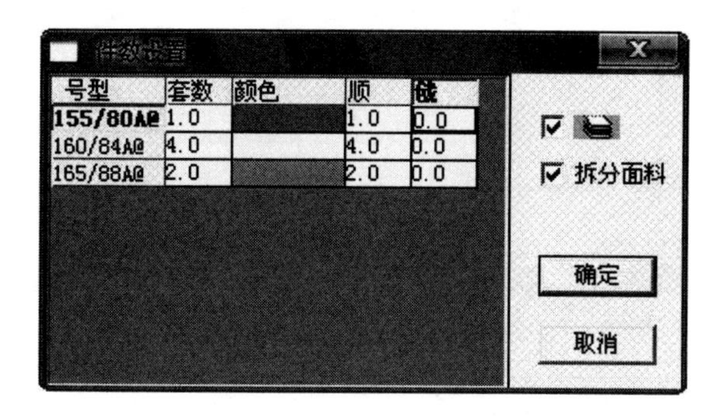

图 6－12

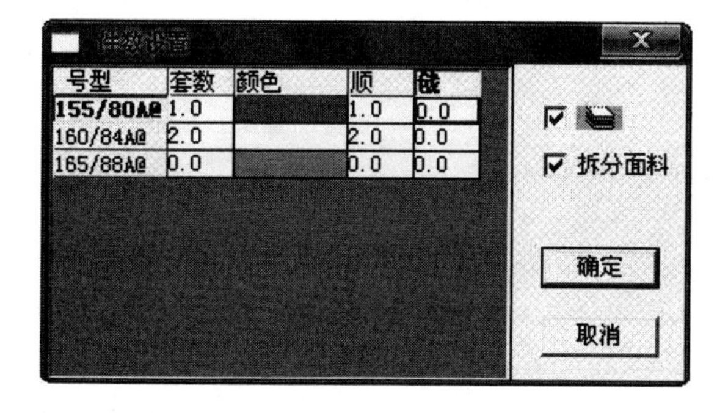

图 6－13

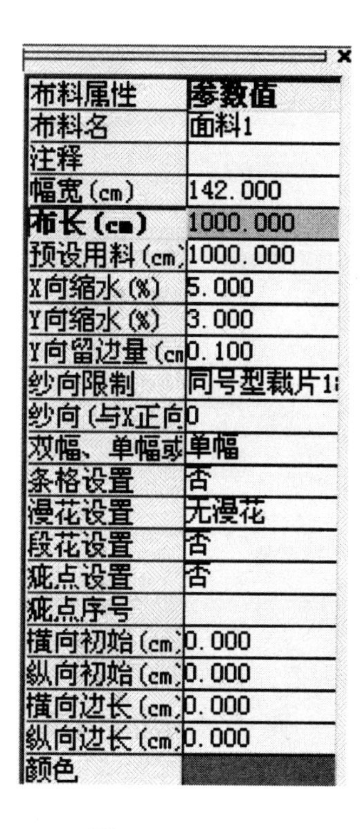

图 6－14

3. 自动排料：选择对所有裁片进行自动排料，用以初步预测该床次是否超过了裁床最大长度(8 米)。选择取下所有裁片工具，点击自动排料工具(或自动排料菜单下的自动排料)，操作结果如图 6－15 所示。用系统右上角的缩小工具即可得到如图 6－15 所示的结果，可以发现已有少部分面料超出了排料区，但是同时也发现整体排料很松散，点击显示竖直边线工具，可得到用布率只有 70% 左右，还有很大的提升空间，而真正超出排料范围的样片并不多，而且样片也不大，由此我们可以判断该床次可以在 8m 内排好。

4. 排料操作与原则：排料操作方法已在上一节中介绍清楚，这里重点讲解排料的原则，排料原则一般有以下几点：

(1)先排大片的再排小片的。

(2)先排长条的后排短的。

(3)直边对直边，斜边对斜边。

(4)不规则的样片进行规则化处理，比如用成组工具将不规则的样片进行成组处理，使成组后的整体相对规则。

排料很讲实际操作，所以经验十分重要，所讲的原则只是优化排料的一些方法，并不是影响排料的框架，这些原则只是作者的经验。最后的排料结果如图 6－16 所示，排料利用率为 81% 。读者可以将利用率继续提高，利用率越高就越省料。

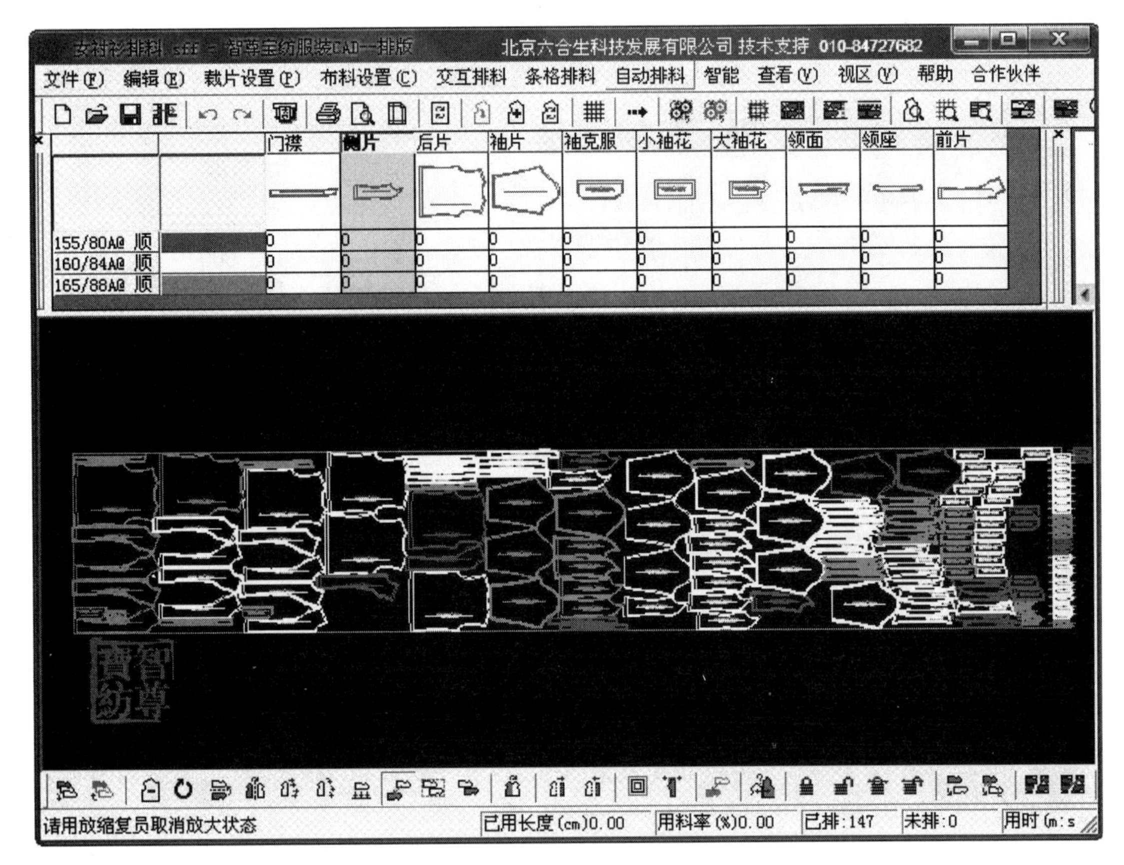
北京六合生科技发展有限公司 技术支持 010-84727682
文件(F) 编辑(E) 裁片设置(P) 布料设置(C) 交互排料 条格排料 自动排料 智能 查看(V) 视区(V) 帮助 合作伙伴
门襟 侧片 后片 袖片 袖克服 小袖花 大袖花 领面 领座 前片
155/80A@ 顺
160/84A@ 顺
165/88A@ 顺
请用放缩复员取消放大状态
已用长度(cm)0.00
用料率(%)0.00
已排:147
未排:0

图 6-15

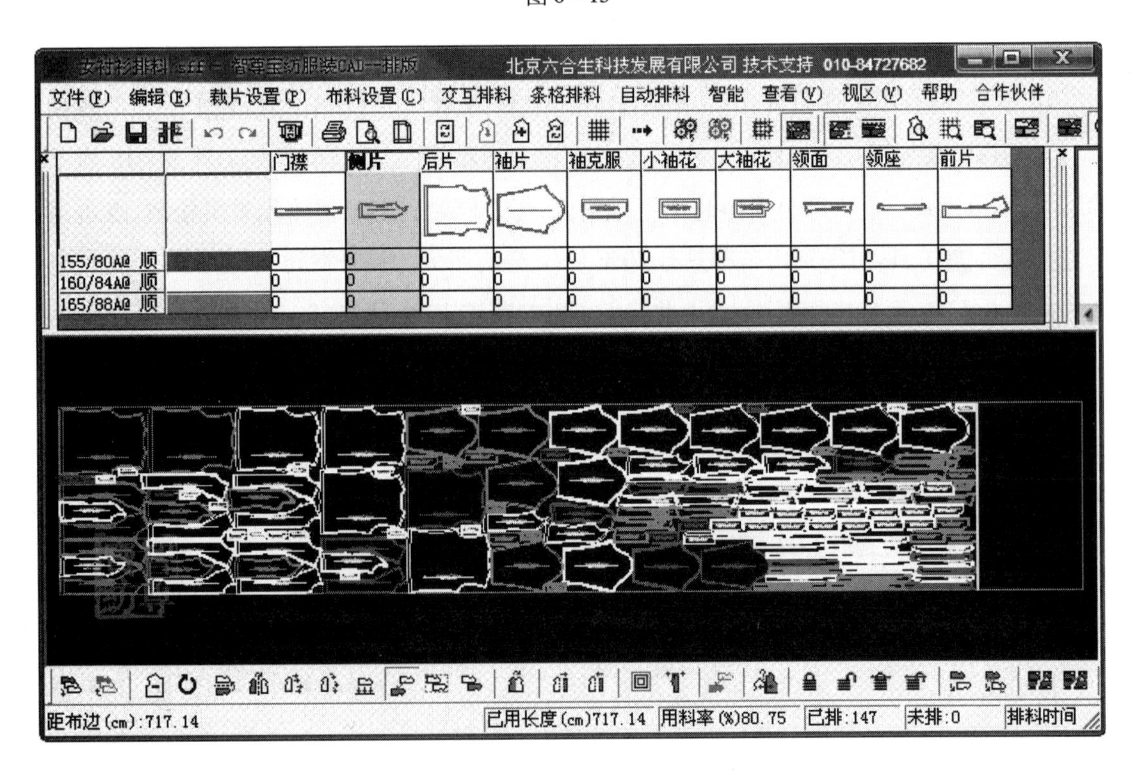
北京六合生科技发展有限公司 技术支持 010-84727682
文件(F) 编辑(E) 裁片设置(P) 布料设置(C) 交互排料 条格排料 自动排料 智能 查看(V) 视区(V) 帮助 合作伙伴
门襟 侧片 后片 袖片 袖克服 小袖花 大袖花 领面 领座 前片
155/80A@ 顺
160/84A@ 顺
165/88A@ 顺
距布边(cm):717.14
已用长度(cm)717.14
用料率(%)80.75
已排:147
未排:0
排料时间

图 6-16

上机实习

1. 应用服装CAD软件的排料系统,按照教材中所描述的步骤完成基础裙样片处理。

2. 应用服装CAD软件的排料系统,按照教材中所描述的步骤完成西裤样片处理。

3. 应用服装CAD软件的排料系统,按照教材中所描述的步骤完成衬衫样片处理。

习题

1. 应用服装CAD软件的排料系统,按照图3-54所示的款式图,参照教材中的结构变化步骤,完成变化连衣裙的CAD排料。

排料要求:幅宽140cm;裁床最大长度6m;进行S码1件、M码3件、L码2件套裁排料;布料无缩水。

2. 应用服装CAD软件的排料系统,按照图3-55中所给的款式图,参照教材中的结构变化步骤,完成变化紧身裤的CAD排料。

排料要求:幅宽135cm;裁床最大长度8m;进行S码2件、M码3件、L码2件套裁排料;布料径向(X向)缩水率为5%,纬向(Y向)缩水率为3.5%。

3. 应用服装CAD软件的排料系统,按照图3-56中所给的款式图,参照教材中的结构变化步骤,完成变化女西装的CAD排料。

排料要求:进行纸板切割,可用最大幅宽85cm,最大长度110cm;进行S码0件、M码1件、L码0件排料切割;无缩水率。

第七章　其他服装 CAD 软件介绍

本章要点

学习和掌握其他服装 CAD 制板系统工具的功能和操作方法。通过对之前所提供项目的实战练习，从而掌握应用几种服装 CAD 系统各工具的功能和操作方法。

本章难点

综合灵活地应用各服装 CAD 软件的制图工具。

学习方法

用户可先依据本章节的项目文字描述进行学习和操作练习，如仍有不理解之处可以借助浙江省精品课程《服装 CAD》网站(http://jp.wzvtc.cn/wzcad)中的能力拓展部分进行视频学习。

第一节　极思服装 CAD 软件

一、常用工具条介绍

常用工具条中的新建、打开、保存、启动打印程序、撤销、恢复等都是通用型工具，功能和操作与其他软件十分相似；而按实际尺寸显示、满窗口显示、放大一倍显示、缩小一倍显示等工具的功能操作很简单，因此这些工具就不再累述。下面着重介绍极思服装 CAD 在制图中的常用工具，工具条如图 7－1 所示。

图 7－1

1. 智能笔(快捷键 C)：此工具是一个多功能笔工具，在该工具下可以进行绘制直线、曲线、矩形以及剪切、插入省等多种操作。

2. 手掌工具(快捷键 H)：用于显示超过屏幕范围以外的部分，只要按住鼠标左键并拖动鼠标至合适的位置，然后再松开鼠标即可。

3. 选择键（快捷键F或F8）：此工具用于选择点、线、衣片、底图等显示对象，以便进行各种操作。单击鼠标左键选择光标处的显示对象并清选其他选中的对象；如果同时按住Ctrl键，则可同时选中多个对象。选中操作对象后，右键可实现多种功能的选择，选择的操作对象不同则出现的辅助功能也会有所区别，如图7－2所示。

较常用的选项有延长、曲线转换、复制移动、旋转、复制旋转、对称、复制对称、假缝线组、设置为轮廓线等选项。

4. 联动修改（快捷键F5）：移动相交端点时，打开联动修改，则所有相连的线条都会随着改变；关闭联动修改，则只能移动单一线条的端点。

5. 曲线修改固定自由点（快捷键：F4）：选中该功能后，只拉动曲线中的某个关键点，其他关键点（包括自由节点）都固定不动，这在修改曲线时很常用。

6. 放大缩小（快捷键Z）：用此命令将操作对象的某个局部放大显示（按Ctrl键可切换为缩小）。

7 显示结构图：用此命令来设定是否显示结构图。

8. 显示衣片：用此命令来设定是否显示衣片。

9. 显示放码号：用此命令来设定是否显示放码号。由于放码点是定义在衣片上的，所以要显示放码号，必须同时选中显示衣片。

10. 显示标注：用此命令来设定是否显示标注。

操作方法：在选择工具状态下，左键点击任意一条或多条线，然后点击右键并选择"设置/清除标注"，再点击"显示标注"工具后就能看到尺寸标注。

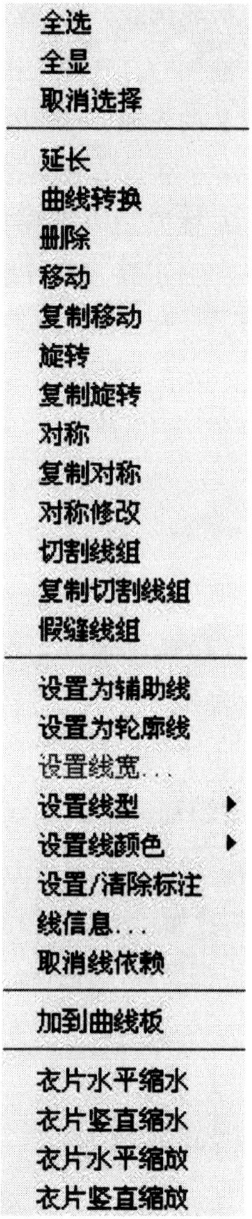

全选
全显
取消选择
延长
曲线转换
删除
移动
复制移动
旋转
复制旋转
对称
复制对称
对称修改
切割线组
复制切割线组
假缝线组
设置为辅助线
设置为轮廓线
设置线宽...
设置线型 ▸
设置线颜色 ▸
设置/清除标注
线信息...
取消线依赖
加到曲线板
衣片水平缩水
衣片竖直缩水
衣片水平缩放
衣片竖直缩放

图7－2

11. 全部显示：用此命令来设定是否全部显示所有线条的尺寸标注。

二、制板工具讲解

制板工具可实现样板草图的绘制、样片的提取和放缝、放码等操作，工具条如图7－3所示。

图7－3

1. 轮廓线/辅助线切换：此按钮用于绘图时切换轮廓线或辅助线。

绘图时打开此按钮，新作的线均为轮廓线；未打开时，新作的线均为辅助线。轮廓线表示衣片的轮廓，一般用深色表示；辅助线则是作结构图时需要的辅助性质的线条，一般用浅色表示。生成衣片时，只对轮廓线构成的区域进行填色，辅助线不起作用。

2. 标记工具：在结构线上需要作标记点的地方作上标记，标记工具条如图 7－4 所示。从左至右工具名称分别为：孤立标记点、圆纽扣、扣眼、雄纽扣、雌纽扣、轮、打孔、T 型点、U 型点、V 型点、插入字等工具，下面对标记工具进行讲解。

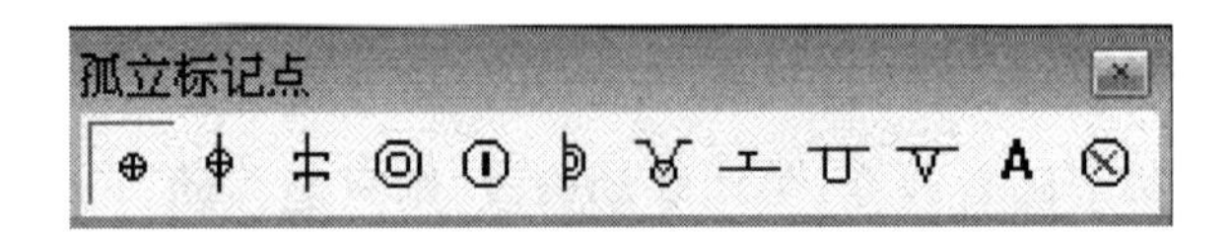

图 7－4

(1) 孤立标记点：在需要作标记点的地方输入一个孤立标记点。

操作：选择工具后，在结构线所需位置用左键点击，并在对话框中输入尺寸，然后确定即可。由于是孤立标记点，所以当用户对结构线修改时，其不能随结构线一起变动。

(2) 标记点工具：这些工具在操作上十分相似，所以就放一起讲解。以圆纽扣工具为例，选择工具后，在结构线所需位置（如图 7－5 中的中间的线条）点击左键，比如制作门襟扣位，弹出“线上取点”对话框，如图 7－7 所示，输入尺寸后确定，确定后出现“点型设置”对话框，如图 7－8 所示，修改参数后确定即可，操作结果如图 7－6 所示。

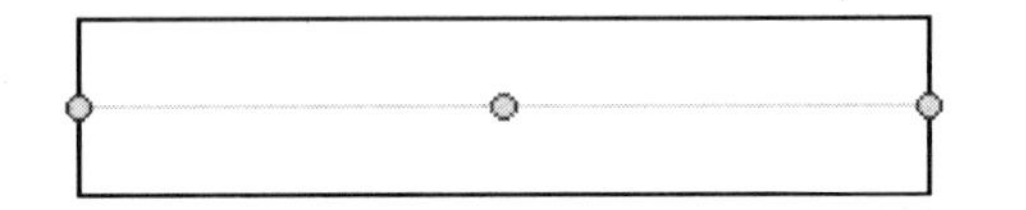

图 7－5

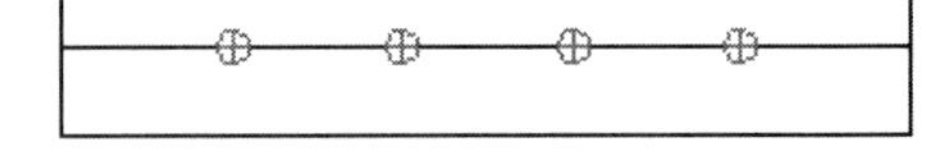

图 7－6

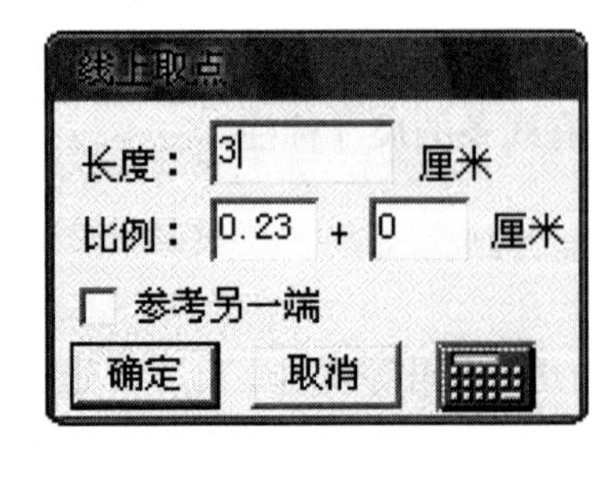

图 7－7

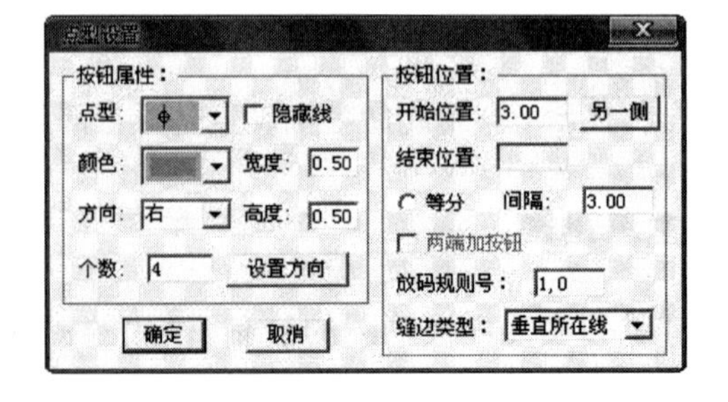

图 7－8

(3) 插入字：在衣片指定部位插入字符说明。

操作：在需要加入字符的地方单击鼠标左键，在弹出对话框中输入需要的字符，改变字体大小、角度、颜色后确定即可。

3. 直线工具：根据操作需要绘制线段、平行线、长方形等，直线工具条如图 7－9 所示。从左至右工具名称分别为自由直线、平行线、等分线、角平分线、折线、长方形、半长方形、切线、垂线等工具，下面对直线工具进行讲解。

图 7－9

（1）自由直线 ／（快捷键 Q）：用于画任意角度及长度的直线，也可以作某线的平行线、垂线、夹角线等。

操作一：（F2 绘制水平线，F3 绘制垂线）在绘图区单击鼠标左键确定直线起点，移动鼠标至另一位置并单击左键，会弹出“直线参数”对话框，如图 7－10 所示，输入需要的尺寸，然后确定即可。

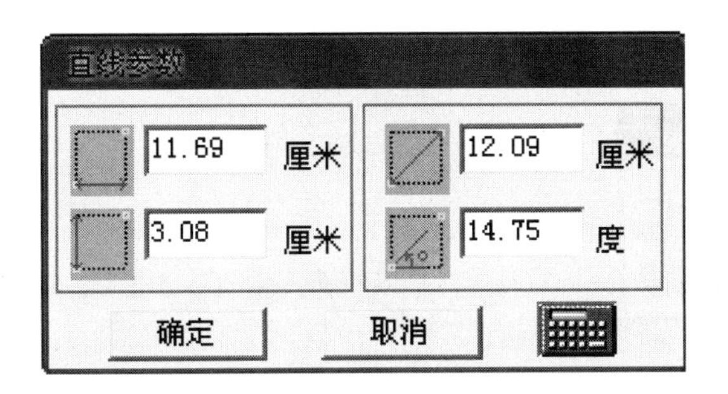

图 7－10

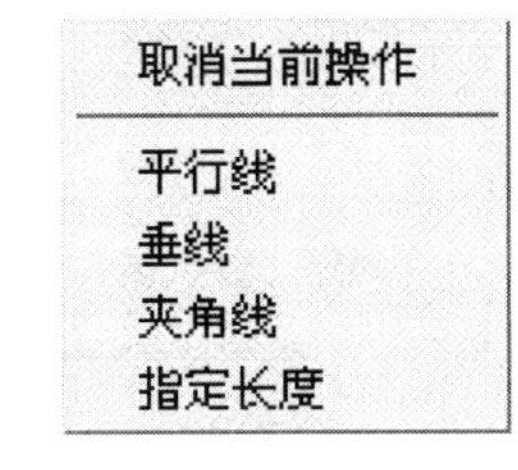

图 7－11

操作二：直线输入起点后，单击鼠标右键弹出如图 7－11 所示的菜单，然后从“平行线”、“垂线”、“夹角线”等中选择需要的选项，再进行下一步操作。

（2）平行线 ⁄⁄：作指定线条的平行线。

操作：单击操作对象，系统弹出“制作平行线参数”对话框，如图 7－12 所示，在距离框输入平行线与参考线的距离，输入需要的条数，另一边可在参考线的另一侧输入平行线，然后确定即可（间隔是指曲线的节点数，线连接是指将生成的平行自动延长或剪切到离两端点最近的线上，多条平行线可以在距离中输入不相同的尺寸）。

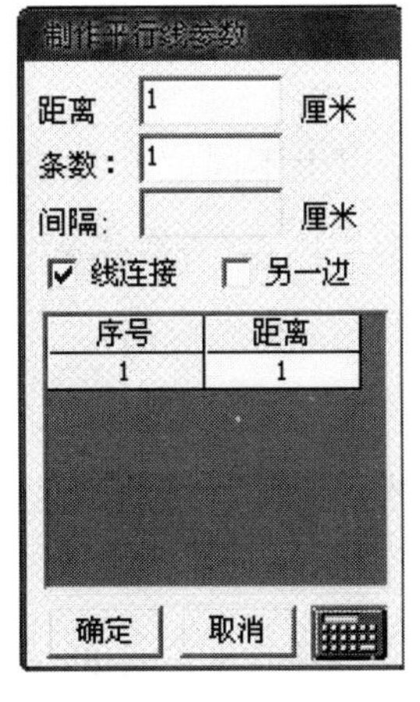

图 7－12

（3）等分线 Ⅲ：分别点击左键在两条线上，在对话框中输入等分数即可。

（4）角平分线：分别在两条线上点击左键，在对话框中输入长度即可。

（5）折线：在绘图所需的位置点击左键，多次操作即得到折线。

（6）长方形 □：在绘图区点击左键，然后移动鼠标，再次单击左键，然后在系统弹出矩形参数窗口输入相关的参数，最后点击“确定”即可。

(7)半长方形：操作与长方形工具相似。

(8)切线、垂线：作曲线在某一点的切线或垂线(只对曲线有效)。

两者操作类似，现以切线工具为例，左键点击来选择曲线，如图7－13所示，再次点击曲线进行取点，会弹出取点对话框，输入数据并确定后再单击左键，弹出“长度参数”对话框，如图7－15所示，输入尺寸并确定，结果如图7－14所示。

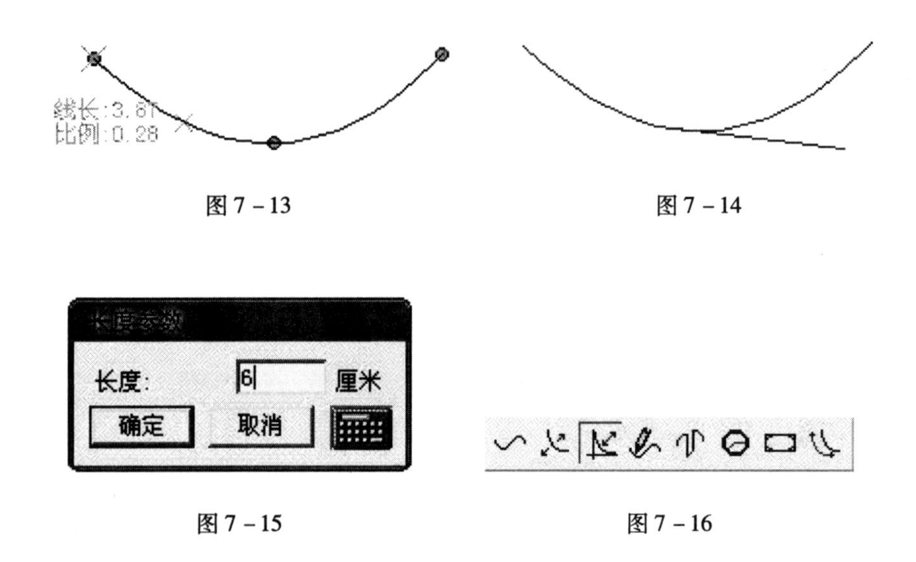

图7－13　　图7－14

图7－15　　图7－16

4. 曲线工具：根据操作需要绘制弯曲的线条，曲线工具条如图7－16所示。从左至右工具名称分别为自由曲线、三点拉圆弧、拉圆角、逐点描曲线、曲线对合、画圆、椭圆、相似线等工具，下面对常用曲线工具进行讲解。

(1)自由曲线(快捷键B)：单击鼠标左键定起点，连续在三个以上不同位置定点，然后敲空格键或双击左键结束曲线(过程中可单击鼠标右键，选择“删除上一点”等操作)。

(2)三点拉圆弧：依次左键点击三个不同的点，会弹出对话框，输入弧线长度即可(常用在领窝、袖窿等部位)。

(3)拉圆角：两条相交直线或曲线相交处作出圆角。左键依次点击两条相交线，拉动鼠标调整圆角形状，左键点击后在弹出圆角参数窗口修改相关参数，确定即可。

(4)曲线对合：以袖窿曲线校对为例，选择工具后，依次左键单击图7－17中的线1、线2、线3、线4，在弹出的对话框中输入点数“11”，结果如图7－18所示，然后确定，再调整该曲线的形状至满意的状态，最后按回车键结束(注意：只能对结构图进行该操作)。

(5)相似曲线：以领口曲线为例说明。选择工具后，左键单击领口线，即图7－19中的线1，然后点击线2，并在对话框中输入“3”并确定，点击线3，并在对话框中输入“5”并确定，则自动生成相似线，如图7－20所示。

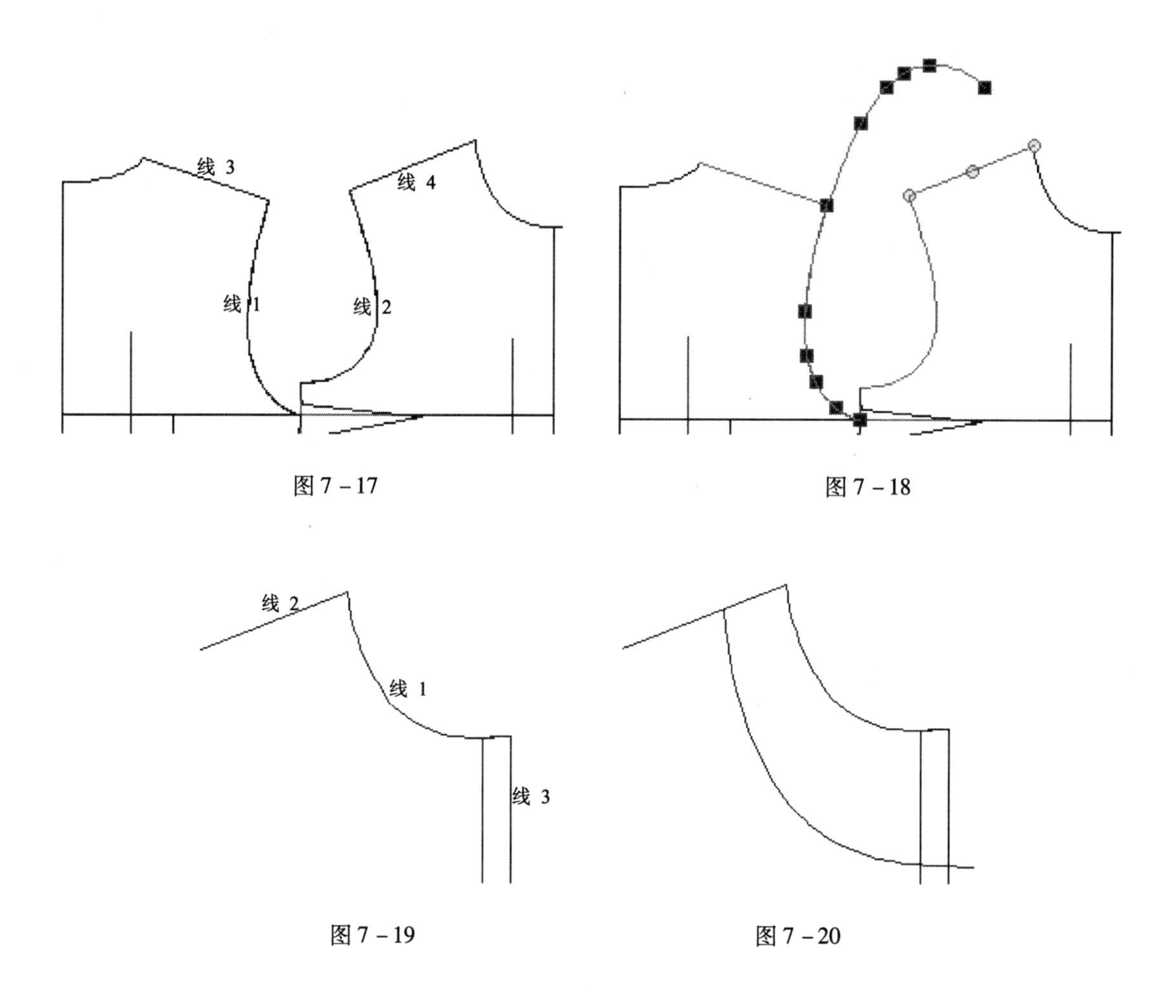

图 7－17

图 7－18

图 7－19

图 7－20

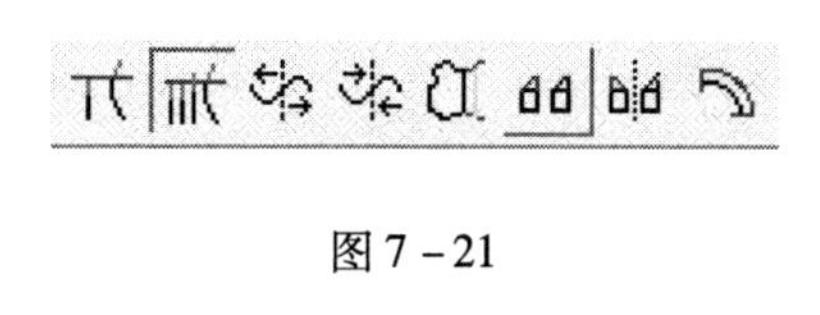

图 7－21

5. 线的剪切与拼接：根据操作需要剪切或拼接线条，工具条如图 7－21 所示。从左至右工具名称分别为剪切与连接、重复剪切与连接、线分割、线拼接、制作上衣搭门、同步相关修改、对称相关修改、平行剪切等工具，下面对常用剪切与拼接工具进行讲解。

（1）剪切与连接（快捷键 D）：以图 7－22 所示为例进行讲解，选择工具后在线 1 上单击左键，此时线 1 即为剪切界面，再左键点击线 2 的保留端（如右端），结果如图 7－23 所示；先选择线 1，再左键点击线 3，结果如图 7－24 所示。

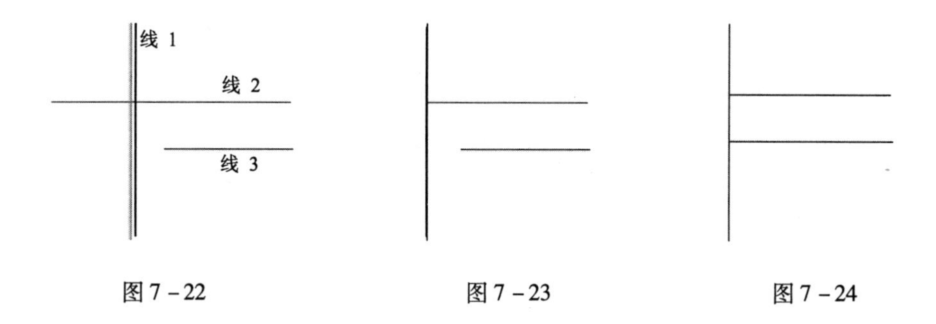

图 7－22

图 7－23

图 7－24

(2)重复剪切与连接:仍以图 7－22 所示为例进行讲解,选择工具后左键点击线 1,再依次点击线 2 和线 3,回车后即可得到图 7－24 所示的结果(线的数目可以更多)。

(3)线分割:将一条直线或曲线分割为两条。选择工具后,左键点击选中操作对象,再次点击线上的分割位置,在对话框中确定位置,确定即可将线条变为两条线。如果点击的是特征位置(如交点),则会直接分割,而不会出现对话框。

(4)线拼接:拼接两条线为一根整线。选工具后依次选择两条线,系统会将这两条线拼接成一条(选线时应靠近拼接点处)。

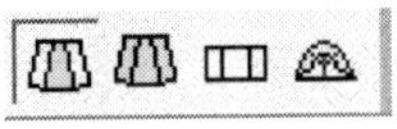

6. 加褶工具:根据操作需要加褶量,工具条如图 7－25 所示。从左至右工具名称分别为单褶、等分褶、工字褶、抽褶等工具,下面进行讲解。

图 7－25

(1)加单褶与加工字褶:以图 7－26 所示为例,选中工具后依次在线 1、线 2 和加褶线 3 单击鼠标左键,然后回车,再左键点击线 4、线 5,回车后弹出加褶对话框,修改褶量与相关选项,确定即可,结果如图 7－27 所示。

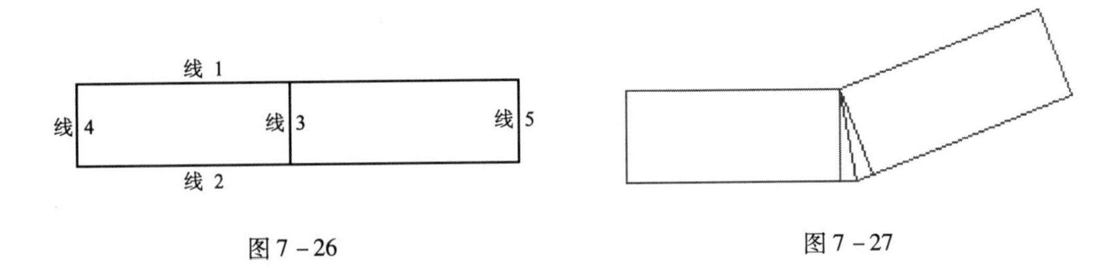

图 7－26　　图 7－27

(2)加等分褶:以图 7－28 所示的情况为例,选中工具后依次左键点击线 1、线 2、线 3、线 4,回车后弹出“加褶参数”对话框,修改褶的个数、褶量与相关选项,如图 7－29 所示,确定后结果如图 7－30 所示。

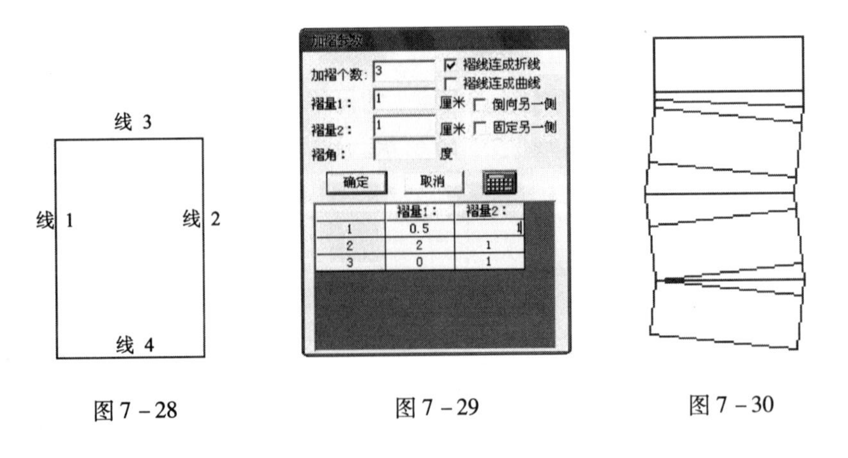

图 7－28　　图 7－29　　图 7－30

(3)袖褶:在指定曲线上加褶,以图 7－31 所示为例,选中工具后左键点击袖山弧线,系统弹出“加袖褶参数”对话框，修改褶的个数、褶量与相关选项，如图7－32所示，确定后结果如图7－33所示。

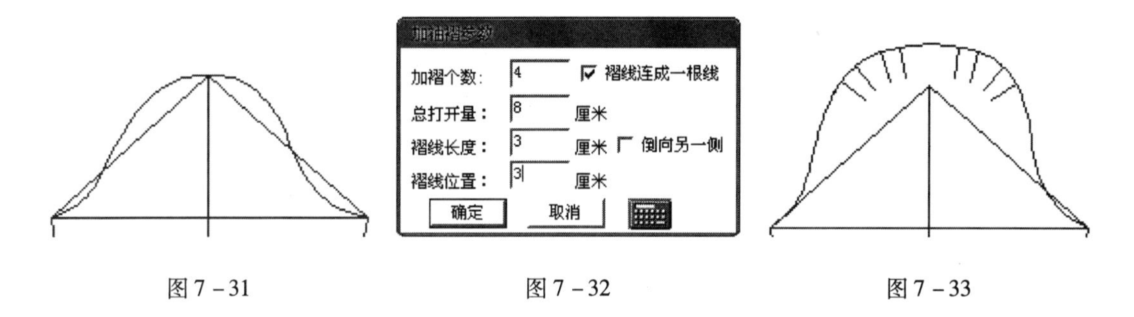

图7－31　　图7－32　　图7－33

7. 外部省处理工具：根据操作需要进行省处理，工具条如图7－34所示，从左至右工具名称分别为加固定省、插入省、省道转移、线上省道转移、省圆顺、省折线、等分移省、制定移省等工具，下面进行讲解。

（1）加固定省：在指定的线上增加省道。以图7－35所示为例，选中工具后左键点击线1，再点击线2，在弹出对话框输入省量“2.5”，确定后结果如图7－36所示。

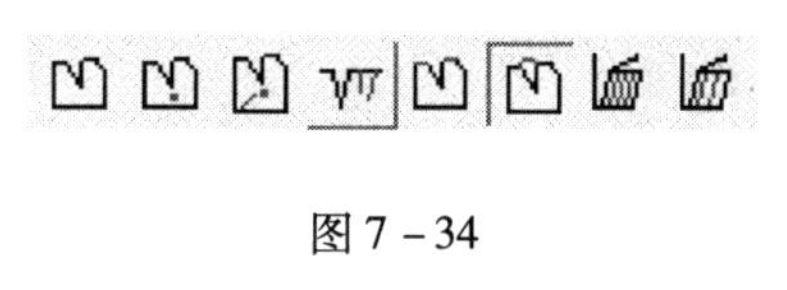

图7－34

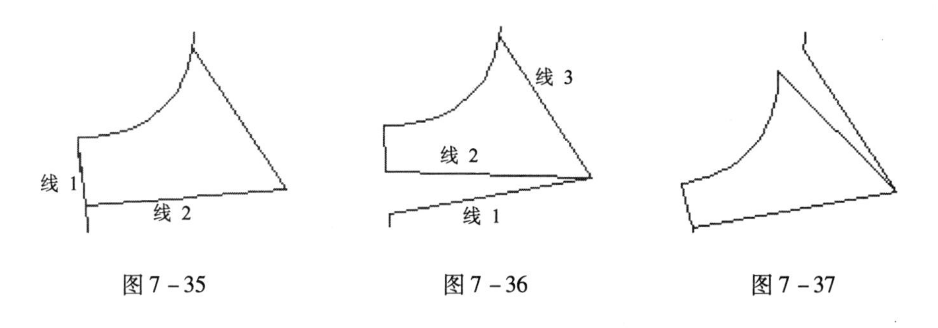

图7－35　　图7－36　　图7－37

（2）省道转移：以图7－36所示为例，选中工具后依次左键点击线2、线1，再点击转省中心点和线3（可以是多条），回车确定，在弹出的对话框中确定参数量，确定后结果如图7－37所示。

（3）省圆顺：模拟收省效果，观察省道闭合后线条是否圆顺。以图7－38所示为例，选中工具后左键依次点击线1、线2，然后回车，再次单击线3、线4，在弹出的对话框确定参数，调整曲线上的点，如图7－39所示，确认曲线圆顺后按回车键，系统按圆顺的曲线恢复省状态。

（4）省折线：以图7－38所示为例，选中工具后左键依次点击线4、线2、线3、线1，结果如图7－40所示。

8. 内部省处理工具：根据操作需要进行省处理，工具条如图7－41所示，从左至右工具名称分别为菱形省、尖省、定宽尖省等工具。其中,菱形省最为常用,下面进行讲解。

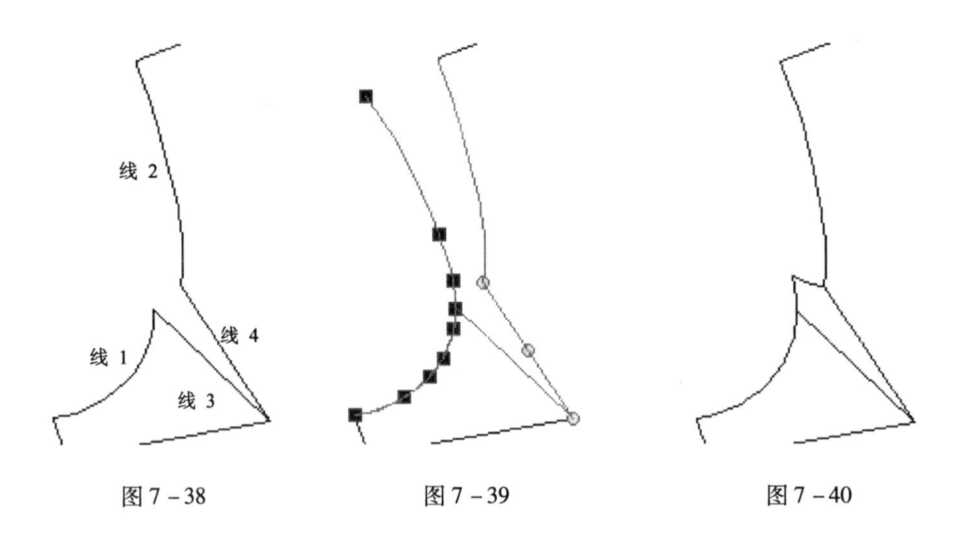

图 7 – 38　　图 7 – 39　　图 7 – 40

在衣片上做菱形省,比如腰省。以图 7 – 42 所示为例,选中工具后依次左键点击 A 点、B 点、C 点,再移动鼠标可得如图 7 – 43 所示,点击左键,系统弹出“菱形省参数”对话框,修改数据如图 7 – 44 所示,确定后结果如图 7 – 45 所示。

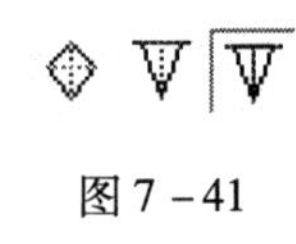

图 7 – 41

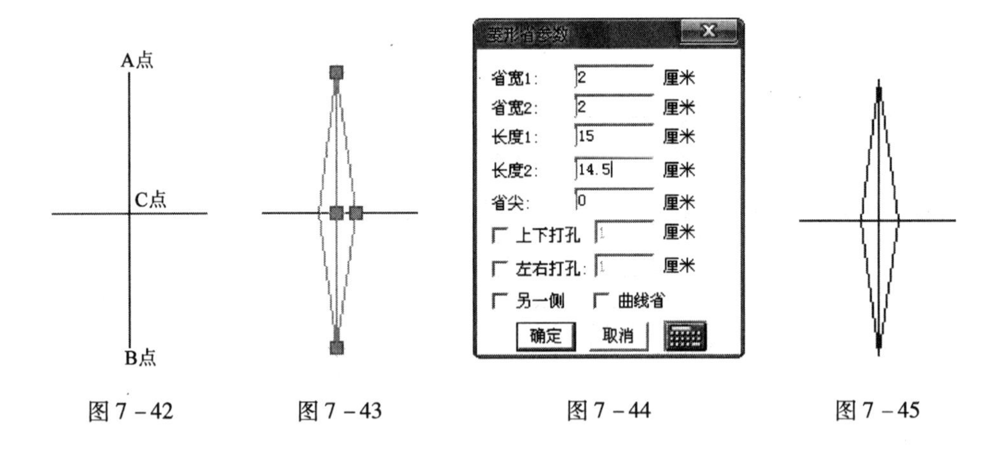

图 7 – 42　　图 7 – 43　　图 7 – 44　　图 7 – 45

9. 生成样片工具:根据操作需要进行样片生成处理,工具条如图 7 – 46 所示,从左至右工具名称分别为区域生成衣片、逐线生成衣片等工具。

图 7 – 46

(1) 区域生成衣片:选中区域生成衣片工具后,系统自动隐藏所有辅助线而只显示轮廓线,因此在使用该工具前,需要把样片的外轮廓线条从辅助线转化为轮廓线。没有转化为轮廓线之前所绘制的线条都是以辅助线形式存在,是无法直接用区域生成衣片工具的。选中所需的外轮廓线,如图 7 – 47 所示,选择多条时按 Ctrl 键,可以一次性将所有样片的轮廓线一起选中转变,选好轮廓线后,右键单击选中对象的其中一条线,在弹出的菜单中点击“设置为轮廓线”,如图 7 – 48 所示。

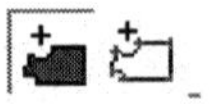

操作说明:选择区域生成衣片工具,在衣片内部单击鼠标左键,然后左键点击取消多余选择的线条,操作结果如图 7－49 所示;按键盘上的回车键结束,选择衣片的内线,操作结果如图 7－50 所示;按回车结束,单击鼠标左键,输入衣片的布纹线的起点与终点,布纹线默认为 45°、90°和 180°,操作结果如图 7－51 所示。

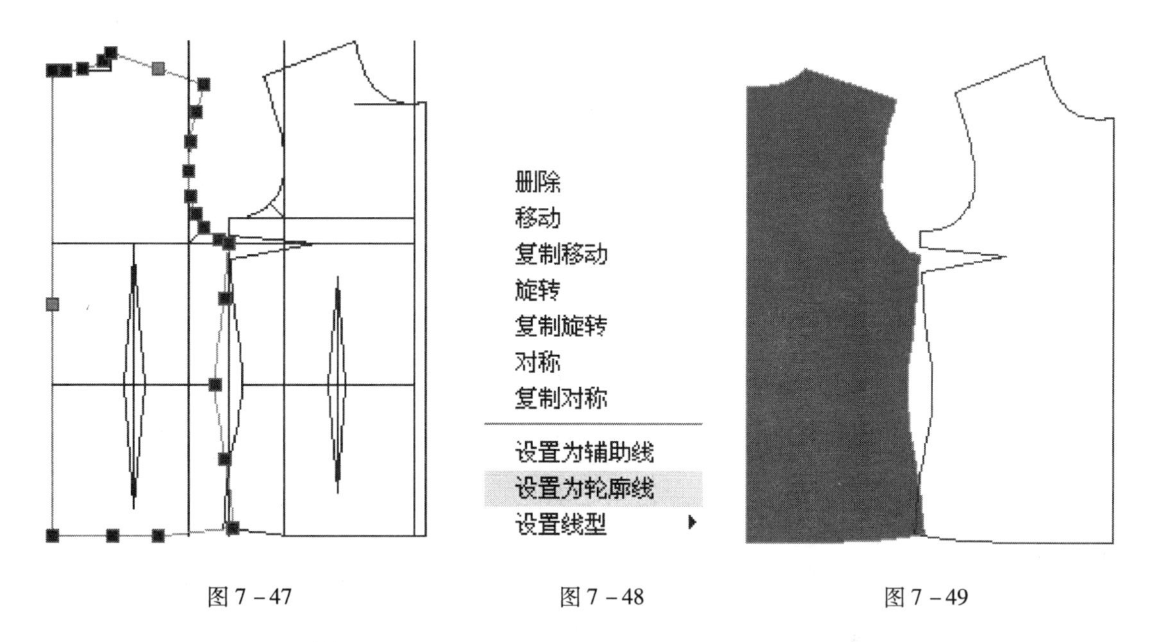

图 7－47　　图 7－48　　图 7－49

(2)逐线生成衣片:用选线的方法选定衣片外轮廓线。以提取前片为例,选中工具后,用鼠标左键逐个选取衣片首尾相连的外轮廓线,如图 7－52 所示,选好后按回车键结束,然后选择衣片的内线,确定后按回车键,最后确定布纹方向,操作结果如图 7－53 所示。

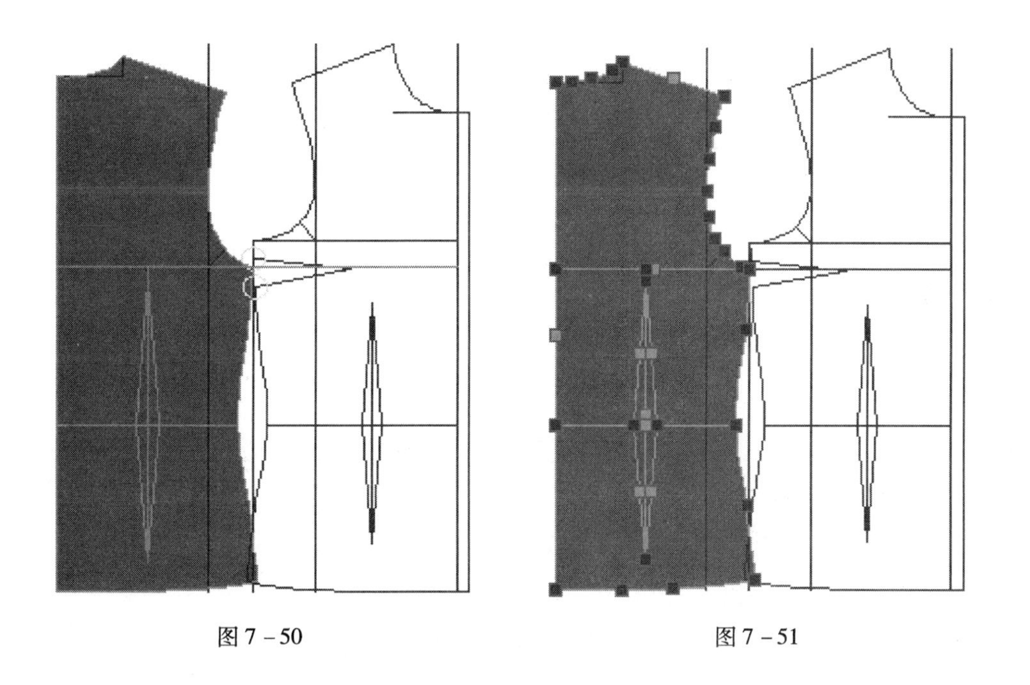

图 7－50　　图 7－51

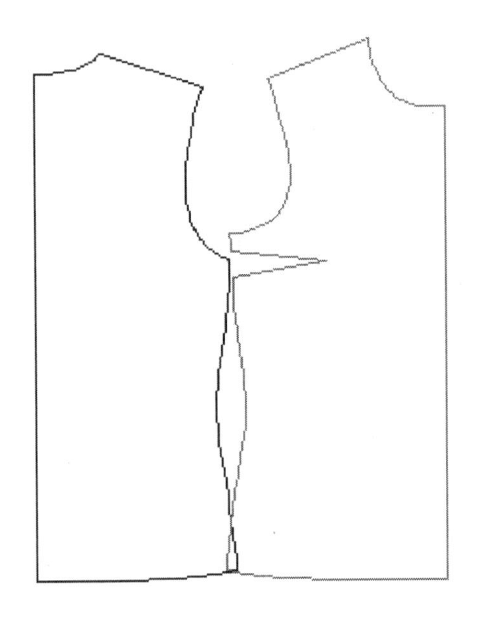

图 7 - 52

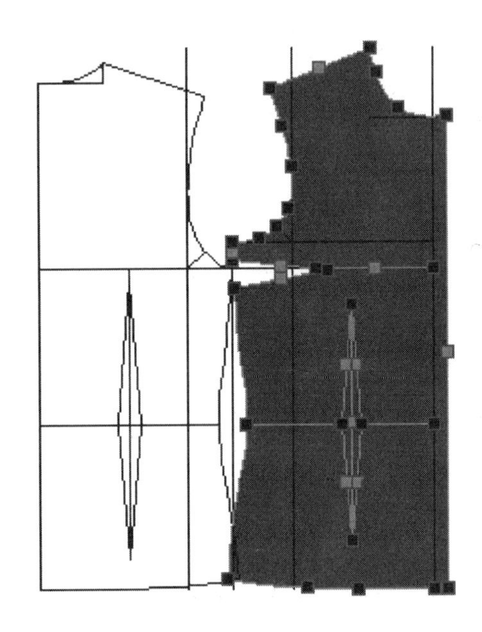

图 7 - 53

第二节　派特服装CAD软件

派特(Pad)服装CAD系统是由加拿大引进的专业服装制版软件,在制图上具有自成一体的思路,因此在学习该软件时,不但要掌握其工具的功能与操作,也要学习该软件的制图模式,才能更好地掌握该软件。该软件有一个明显的特征:就是基础样板一旦放码后,此后由该基础样片进行结构变化的所有样片、零部件都自动放码,而不需重新放码。

1. 游标 :用于选取点、线、样片等的工具。

游标有两种操作方法:直接点击要选取的点或线,按Shift键可连续选点、线或样片;用框选式选取要选的点、线或样片,按Shift键进行框选只能增加选择范围。

游标可以改变样片的状态,样片共有三种状态。

(1)静止状态:任意点都没有得到显示,如图7-54所示,任意修改工具都不起作用。

(2)击活状态:样片各点以空心状态显示,如图7-55所示,部分修改工具能起作用。

(3)选中状态:样片各点以实心状态显示,如图7-56所示,所有修改工具能起作用。因此,以后在介绍工具的使用方法时,若无特殊说明,各样片皆在选中状态。样片在击活或选中状态时,按Alt键并拖动一个参考点可移动单个样片。按空格键再移动鼠标,可抓取整个画面进行移动。

2. 放大/缩小 :用于放大(Ctrl+空格键)或缩小(Ctrl+Alt+空格键)操作对象。选工具点击桌面,图像会放大,用Alt键可以在放大/缩小之间进行切换。

图 7－54　　图 7－55　　图 7－56

3. 直尺:用于测量线段的长度或两点间的距离。

4. 画圆:用于绘制随意大小的圆或特定半径的圆。选择工具并按 Alt 键,点击一个点(圆心位置)会出现对话框,在对话框中填入要画圆的半径值后按确定即可。

5. 矩形:用于绘制随意大小的矩形或特定大小的矩形。选择工具后,按 Alt 键点击一个点,然后在弹出的对话框中填入布幅(即宽度)和高度后按确定。

6. 线段:绘制线段有三种操作方法。

(1)点击一个点并拖动该点进行绘制,松开鼠标后线段确定。

(2)按 Shift 键,点击一个点并拖动该点进行绘制,线段只能出现在水平、垂直和 45°角方向(点击处为线段的一个端点),松开鼠标后确定线段。

(3)选择工具,按 Alt 键并点击一个点,然后在对话框中填入线段长度,与 X 轴的夹角等需要的参数后按确定。其中第二种绘制线段的方法较为常用,常用于结构基础线的绘制。

7. 弯曲线段:用于弯曲的线段,必须处于选中状态,然后选择工具,再点击线段中部并拖动到适合位置放开。

8. 加点:在已有线段或曲线上加点,有两种操作方法。

(1)可在已有线段或曲线任意加点(对于静止状态的样片,加点工具不起作用),加点工具对击活和选中状态的样片起作用。

(2)可通过参考点在样片上进行加点,选择工具按 Alt 键并点击参考点出现对话框,在对话框内填入距 X 轴和 Y 轴的距离,或与 X 轴的距离和角度按确定后可加出相应位置的点。

9. 沿线加点:沿着所选中的已有线段或曲线加点,点击的参考点为测量的起始位置。选中线段后如图 7－57 所示,选择工具,再点击左端参照点,并在对话框中输入 3cm,确定后结果如图 7－58 所示;如果点击的是右端参照点,也在对话框中填入 3cm,确定后结果如图 7－59 所示。

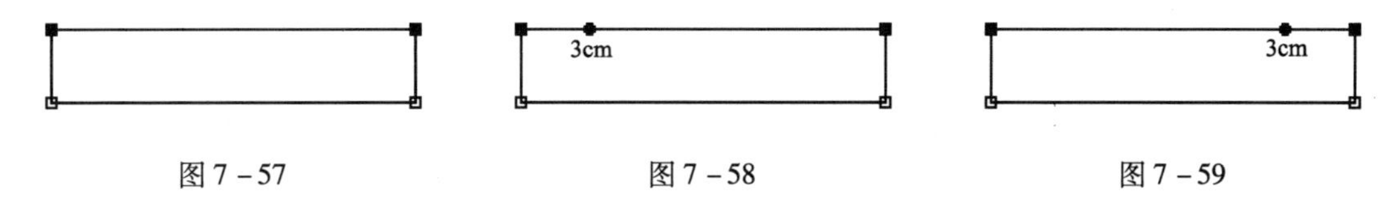

图 7－57　　图 7－58　　图 7－59

10. 等分线段:选择要等分的线段,选择工具并点击线段,然后在对话框中填入等分的数值,确定即可。

11. 水平对齐(X 向对齐):将其余点与参考点进行水平对齐。

以图 7-60 所示为例,选好所有要对齐的点,选择工具点击参考点(图中 D 点),按住 Shift 键点击所有要对齐的点(如 B 点),结果如图 7-61 所示,再点击其他点后,结果如图 7-62 所示。

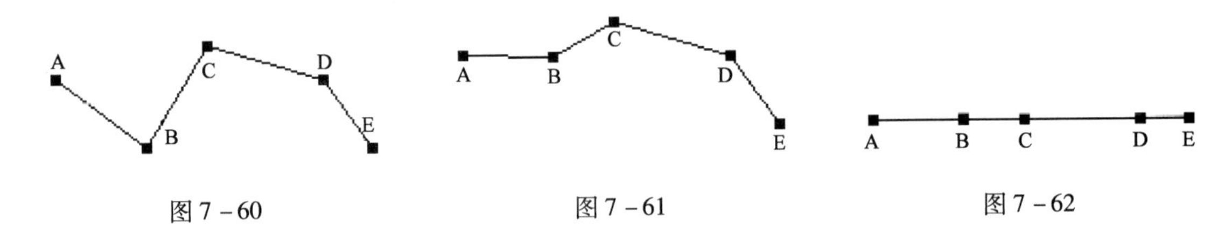

图 7-60 图 7-61 图 7-62

12. 垂直对齐(Y 向对齐):将其余点与参考点进行垂直对齐,操作与水平对齐相似。

13. 线段长度:用于测量和改变线段或曲线的长度。

选择所要测量或改变的线段或曲线,选择工具并点击一个参考点(参考点为不动点),弹出的对话框会显示该线段的相关信息;如果改变对话框中的对应数据,确定后即可实现对原线段的调整变化。

14. 定点移动快捷键(ctrl + Alt +):将选中的点(可多个)按照要求进行直接移动。选中要移动的点,用定点移动快捷键操作,会出现对话框,根据需要选择移动方式并输入具体的移动数值,确定即可实现移动。这一操作是该软件的一个特色,非常实用。

15. 线段角度:用于测量和改变线段的角度,可以选多条线段一起进行变化。

选择线段,选择工具并点击一个旋转点(此点为线段测量的旋转原点),出现对话框输入角度或展开数值。

16. 对幅:将原样片或线段按对幅界面进行对称移动。

选中要对幅的样片或部分线或点,选择工具并点击两个对幅参考点(两参考点的连线即为对幅线),对幅将在两点的连线上进行(对幅仅在所选的点中进行)。

17. 旋转:将所选中的部分进行角度转动,未选中部分不动。

选择要旋转的样片,选择工具,任意点击两个参考点不松开,拖动鼠标转动样片。操作中如按 Shift 键,可将样片转成水平、垂直或呈 45°角的状态。操作中如按 Alt 键并点击一个参考点,出现对话框,输入旋转角度即可。

18. 水平定向(X 轴定向):选中或击活要水平定向的样片,选择工具点击两个参考点即可(定向可以选多个样片一起进行)。垂直定向与水平定向工具操作相似。

19. 连接式样:将两个式样(封闭线)按照所选中的连接线段,连接成一个样片。

选中两个样片上要结合的两条线,选择工具并点击两个参考点。用于样片的拼接样片、插肩袖的制作等。拼接时,以先点击的样片的长度为基准,将另一片靠上去。连接样片工具只对封闭的外部线才起作用,不封闭的线一定要先建立外部线。

20. 分开式样:选中要分开的一个闭合回路(封闭线),选择工具,点击要分开的线段。对于用直线画成的看似闭合的回路,要先创建外部线,才能进行分开样片的操作。

21. 镜射:镜射有两种操作方法。

(1)选择要镜射样片的一条参考线,选择工具,点击参考线进行完全镜射。

(2)选择要镜射样片的一条参考线,选择工具,按Alt键并点击参考线,出现对话框,可输入镜射量(此方法常用于门襟、贴边的制作)。

22. 展开省:有两种操作方法。

(1)内部省的制作:在内部画一条线段,选择工具并点击线段的一个点,出现对话框(布幅为省量大小)。①省为点击一侧的省,省长为平行省的量;②对齐省与衣片(省的定位),在衣片上选一个参考点,同时选中省上一个要对齐的参考点,到处理中选形对齐,出现对话框,选择要对齐的方式;③组合衣片与省,确定省后,将省和衣片同时击活,到处理中选组合(只要击活和选中的样片都被组合)。

(2)外部省的绘制:以图7-63所示为例,在外部线上定出省的位置,用沿线加点工具完成图中轮廓线上的三个点,图上的三个点表示省量。然后将三个点的中间点拖到样片内部的省尖点上(BP点方向),如图7-64所示。选择展开省工具,按Alt键并点击省尖点,出现对话框,确定后操作结果如图7-65。对话框中有三个常用选项:①"省大"选项是指省量大小;②"长度"选项是指省长;③"褶裥长度"选项是指褶裥的深度。

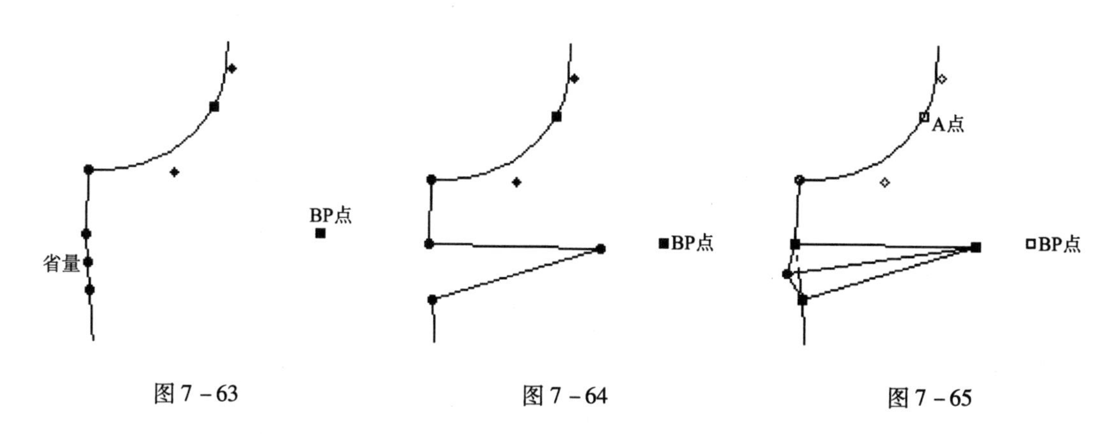

图7-63　　图7-64　　图7-65

23. 同心省旋转:以图7-65所示为例,转省前在样片边线上定出省要旋转到的位置(图中的A点),并把省尖点拖动到BP点上,结果如图7-66所示,然后同时选中A点,并选择同心省旋转工具,再依次点击图中的B点(该点为移动点)、A点,最后在对话框中输入数值,确定后结果如图7-67所示。如果省的位置确定在这里,还需要选中省,然后选中"处理"菜单的"项目资料",在弹出的对话框修改省长度数据,确定后如图7-68所示。

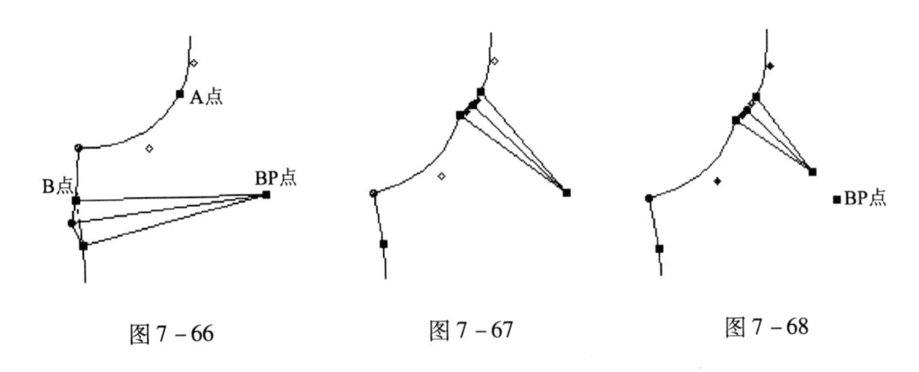

图 7－66　　图 7－67　　图 7－68

24. 展开褶裥：先要定出开褶的位置（可在两对边上加两点），选择工具，点击要开褶的两个点（先点的为 A 边），再点击不动的一侧，出现对话框，选择平行褶 A、B 褶数值相同；选择径向褶 A、B 数值可以不同（此褶裥适用于百褶裙褶的制作）。

25. 展开抽褶：该工具有两种操作方法。

（1）单向抽褶：用加点工具做出旋转点（要在样片线上），选中要加碎褶的线段和旋转点，选择工具并点击要加碎褶线段的不动点，出现对话框，选择新值或增加值。

（2）两侧都抽褶：选择两侧要加褶的线段，选择工具并点击其中一边的不动点（其为 A 褶），出现对话框，选择项目（在选择新增加值时，一定要先选中新增加值这一项目，才会进行抽褶）。（注意省侧点不能再用来抽褶，必须另外再加两点，才能进行抽褶）。

26. 样片的转化：实现将草图转换成系统默认的样片，设定样片的名称及属性。

选中净样（包括剪口对位点等），然后选择处理菜单中的设定样片，出现如图 7－69 所示的对话框，输入需要的数据信息，选项用于设定样片在排料中的许可度，即旋转、对幅等（图 7－70），最后按确定就完成样片的设定。

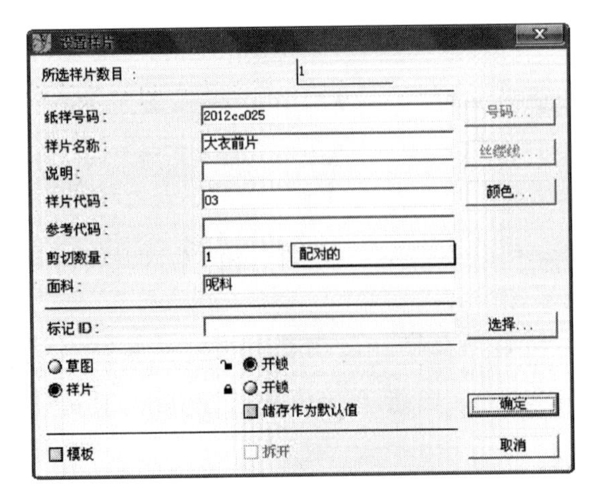

图 7－69

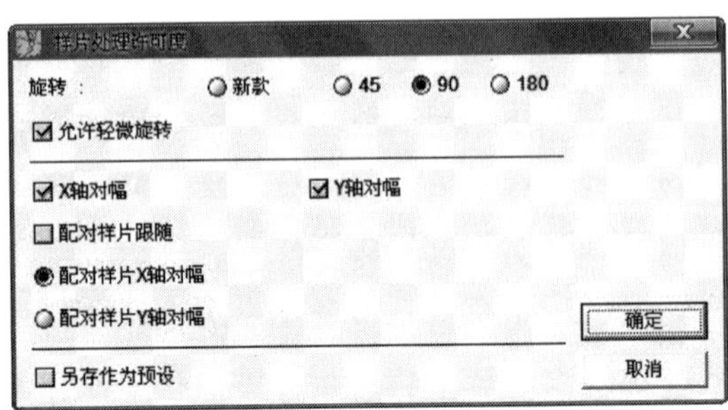

图 7－70

27. 放缝许可度：确定出样片中某条边或几条边的放缝量。

设定好样片并完成镜射、复制等操作后，选中放缝量相同的各样片的线，选择工具，点击要放缝的线，然后在弹出的对话框中输入相关数据和信息，按确定即可。

28. 角度特性：修改放缝后的尖角现象，通常在放缝结束后进行此操作。激活样片，选择角度特性工具，在净样线上点击需要修改角点，然后在弹出的对话框选中角度特征即可。

29. 放码操作：号码总数设置：在基础结构草图绘制完成后即可进行放码操作，选择"放码"菜单下的"操作尺寸"，然后在弹出的对话框中点击号码总数所对应的"改变"按钮，并输入号码总数(如3)，没特殊要求即可按确定。

放码数据输入：选择要放码的点(可以选择多个)，选择"放码"菜单下的"放码资料"，然后在弹出的对话框中输入放码的数值，按确定即完成放码。如要看放码的结果，需要选择"显示"菜单下的"放码显示"即可。

第三节　日升服装CAD软件

日升服装工艺设计CAD软件涵盖服装样板设计、放码、排料系统，新版本采用切开线与点放码相结合的放码方式进行放码，同时还加入最接近手工放码的线放码方式，使放码更灵活、快速、准确且适应性也更强，可以适用于各种类型服装的放码要求。

一、捕捉方式选项

1. 任意点捕捉(F1)：任意点捕捉。

2. 端点捕捉(F2)：线端点捕捉。

3. 中心点捕捉(F3)：线条中心位置捕捉。

4. 交点捕捉(F4)：两条相交线的交点的捕捉。选择该工具后，要先选择两条相交线，然后进行交点应用的操作。

5. 投影点捕捉(F5)：线上的任意位置。

6. 比率点捕捉(F6)：线的比率位置。选择工具后，输入比率值并回车，再进行比率点的捕捉。

7. 要素捕捉(F7)：构成形状的一个一个的单体，如一条直线、一段弧线等，都可称作要素。

8. 领域内捕捉(F8)：选取完全框住的要素。

9. 领域上捕捉(F9)：选取完全框住的要素及边框线碰到的要素。

10. 外周捕捉：选取最外侧完全封闭的轮廓。

二、工具条的功能及操作

1. 连续线 :用鼠标左键作出连续的折线,右键点击后即结束命令。

2. 两点线 :用鼠标左键绘制两点线,右键点击后即结束命令。

3. 点平行线 :过某一点作平行线。左键点选取“点平行线”工具,选择平行参考对象,左键点击另一平行位置,即可绘制平行线,右键点击结束。

4. 间隔平行线 :作指定距离的要素平行线。左键选择“间隔平行线”工具后,选择平行参考对象,输入间隔量(如 3.5cm),然后左键选择一个方向即可。

5. 水平线 —:画水平线。

6. 垂直线 |:画垂直线。

7. 矩形 □:选择工具后,点击左键移动鼠标,再次点击左键,作任意矩形,右键点击完成命令。选择工具后,点击左键,移动鼠标,然后输入数值(如 45, -62)可根据指定的大小绘制矩形。

8. 曲线 :选择工具后,依次在不同的地方点击左键(点数介于 3 至 15 个之间),右键点击完成命令(常用于绘制袖窿、袖山曲线等)。

9. 点列修正 :通过动态移动点列来调整、修正曲线。

10. 删除 :选择工具后,选择要删除的要素(经常与 F7、F8、F9 配合使用),然后右键点击即可删除所选的要素。

11. 长度线 :从某一点画到另一点要素上的定长直线。以图 7-71 所示绘制袖山斜线为例,选择工具后,左键点击袖中线的上端点,然后点击袖肥线的右端点,然后输入袖山斜线数据(如 24cm),回车确认,结果如图 7-72 所示(常用于绘制袖山斜线、肩斜线等)。

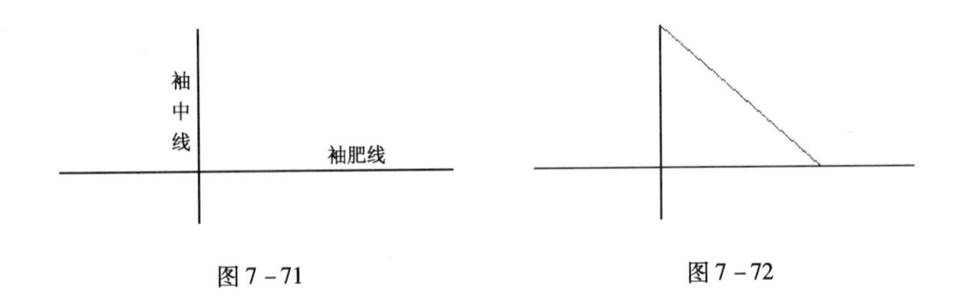

图 7-71　　　　图 7-72

12. 角度线 :以图 7-73 所示绘制插肩袖袖中线为例,选择“角度线”工具后,左键点击基准线,然后输入线的长度(如 18cm),回车确认,点击袖窿弧线上端(角度线通过点),再输入角度(逆时针计算输入正值,顺时针计算输入负值),回车确认即可,结果如图 7-74 所示。

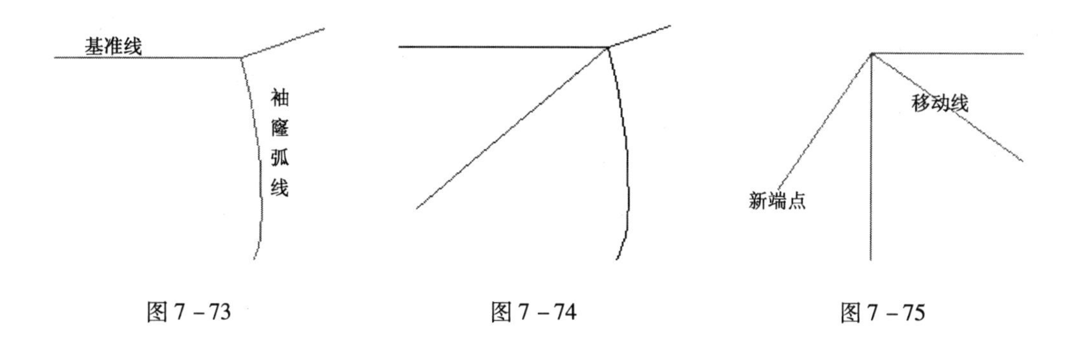

图 7 – 73　　图 7 – 74　　图 7 – 75

13. 直角线：选择工具后，左键点击基准线，输入直角线的长度，回车确认，再点击直角线要通过的点，然后左键点击给出直角线延伸的方向（任意点）即可。

14. 端移动：以图 7 – 75 所示为例，选择工具后，指向要素的移动端（移动线的上端），右键过渡到下一步，左键点击新端点即可。

15. 曲线拼合：将一条或多条直线或曲线拼合成一条曲线。选择工具后，左键点击要拼合的要素，右键点击后输入拼合后的点数（3～15 之间），回车确认即可。

16. 单侧修正：以图 7 – 76 所示为例，选择工具后，左键点击切断线，然后点 F7 后左键依次点击线 1 和线 2，右键点击结束，结果如图 7 – 77 所示。

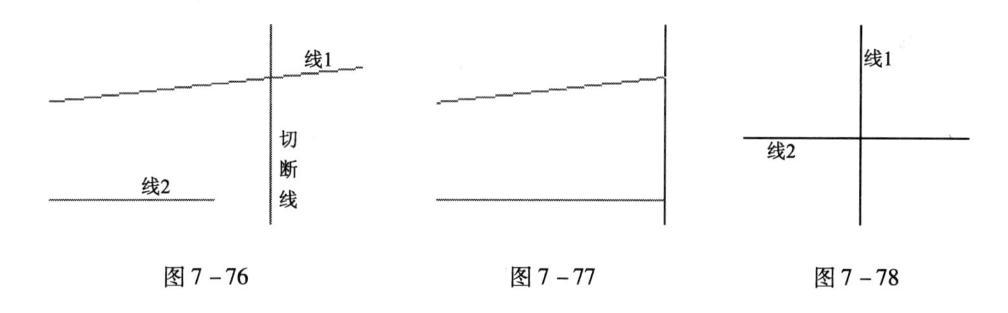

图 7 – 76　　图 7 – 77　　图 7 – 78

17. 两侧修正：与单侧修正相比，就是要选择两条切断线，其余操作类似。

18. 切 断：以图 7 – 78 所示为例，选择工具后，左键点击要被切断的要素（线 1）后点击右键，然后左键点击切断线（线 2），再次点击右键结束（线 1 被切断，用删除验证就会发现要素变了）。

19. 圆角：选择工具后，左键点击两条相交的线，然后再点击一个点为圆心即可。

20. 连接角：将两要素的端点连接起来。选择工具后，左键点击两条不平行的线段即可。

21. 剪切线：以图 7 – 79 所示为例，选择工具后，输入线的长度（如 10cm），回车确认后左键点击剪切线的开始点（线 1 的左端点），点击右键后结束，操作结果如图 7 – 80 所示。

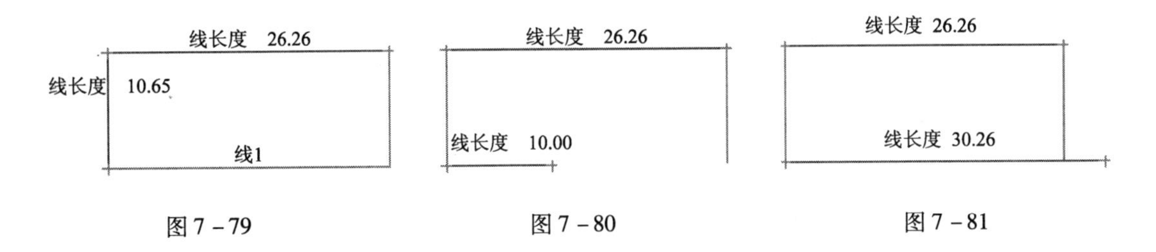

图7－79　　图7－80　　图7－81

22. 长度调整：以图7－79所示为例，选择工具后，输入伸缩长度4cm（伸长时输入正值，缩短时输入负值），回车确认后左键点击线1的右端点，点击右键后结束，操作结果如图7－81所示。

23. 尺寸表示：选择工具后，左键点击要素即可，点击右键结束（要素长度操作类似）。

24. 接角对合：以图7－82所示为例，选择工具后，左键依次点击线1、线2、线3、线4，操作结果如图7－83所示，然后输入曲线的点数9，回车确认，结果如图7－84所示，然后移动控制节点，进行曲线修正，点击右键结束操作，结果如图7－85所示（常用于袖窿、领口和下摆等）。

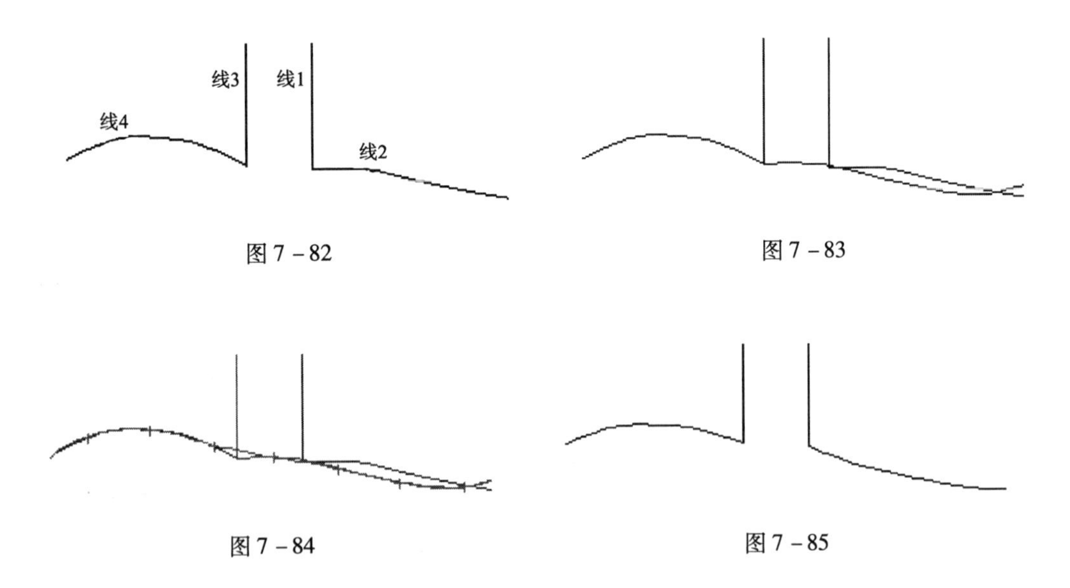

图7－82　　图7－83

图7－84　　图7－85

25. 拼合检查：检查两个或两个以上要素的长度及各个号型的长度差。选择工具后，选择第一组要素组（可由多个要素组成），点击右键后选择第二组要素组（可由多个要素组成），再次点击右键出现对话框，显示出各号型的要素长度以及长度差。

三、纸样工具条的功能及操作

1. 两点移动：以图7－86所示为例，选择工具后，选取线1和线2，点击右键后再点击线 2 并引向右侧，再点击左键即可，操作结果如图 7－87 所示。

图 7－86　　图 7－87

2. 两点移动复写：操作与两点移动相同，但原图中的线条会被保留下来。

3. 角度回转：选择工具后，选取操作要素后点击右键，然后点击左键选取旋转中心，输入角度（逆时为正值，顺时为负值），回车确认即可。

4. 角度回转复写：操作与角度回转相同，但原图中的线条会被保留下来。

5. 水平反转：以图 7－88 所示为例，选择工具后，选取所有要素，点击右键后再点击线 1，操作结果如图 7－89 所示。

6. 水平反转复写：操作与水平反转相同，但原图中的线条会被保留下来。

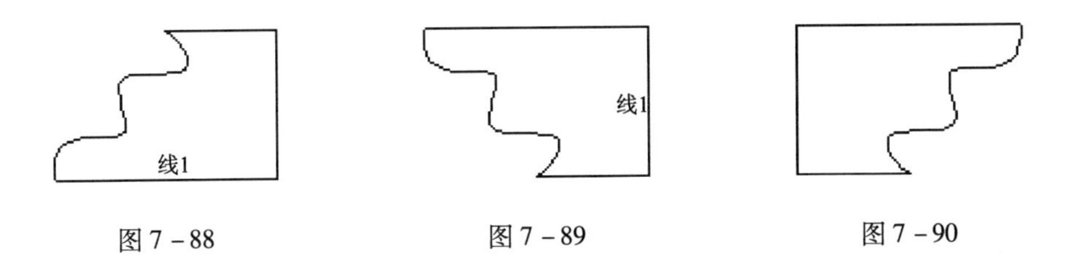

图 7－88　　图 7－89　　图 7－90

7. 垂直反转：以图 7－89 所示为例，选择工具后，选取所有要素，点击右键后再点击线 1，操作结果如图 7－90 所示。

8. 垂直反转复写：操作与垂直反转相同，但原图中的线条会被保留下来。

9. 要素反转：以指示的要素为基准线进行反转，操作与水平反转等工具类似。

10. 水平补正：以图 7－91 所示为例，选择工具后，选取所有要素，点击右键后再点击线 1，然后再点击任意点（该点为旋转中心），操作结果如图 7－90 所示。

11. 垂直补正：将指定的形状修正成垂直。操作与水平补正类似。

12. 省 道：以图 7－92 所示为例，选择工具后，依次左键点击线 1 和线 2，再输入省量（如 2.5cm），回车确认后结果如图 7－93 所示。

13. 省的圆顺：以图 7－93 所示为例，选择工具后，依次左键点击线 1 和线 2，点击右键后左键依次点击线 3 和线 4，再次点击右键，然后点击省的端部（任意点），输入曲线的点数（3～15），回车确认结果，如图 7－94 所示，左键移动控制节点（任意点），点击右键完成命令。

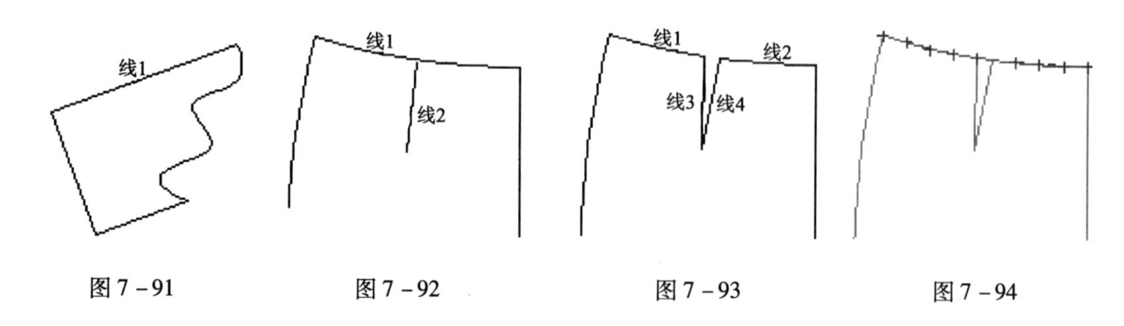

图7－91　图7－92　图7－93　图7－94

14. 省折线：以图7－93所示为例，选择工具后，左键依次点击线3、线1、线4和线2，操作结果如图7－95所示，点击右键完成命令。

15. 平移：以图7－96所示为例，选择工具后，选择包围被剪开的要素（线1、线2、线3、线4），点击右键后点击剪开线（线4），再点击右键，然后左键点击任意点，再点击线1并引向右侧，再点击左键即可，操作结果如图7－97所示。

16. 形状取出：操作与平移工具相同，但原图中的线条会被保留下来。

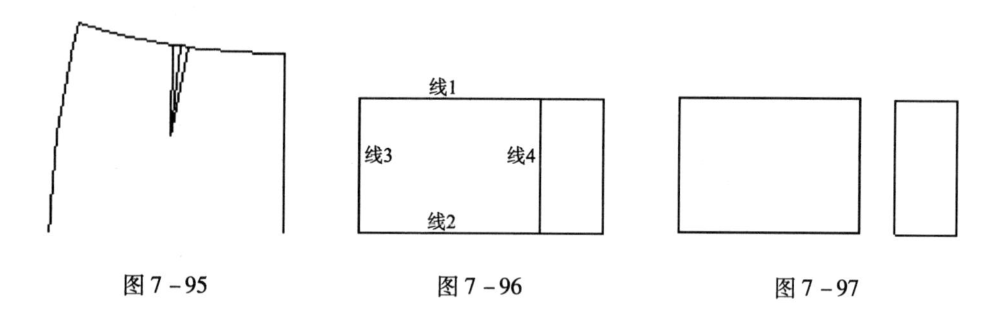

图7－95　图7－96　图7－97

17. 平行纱向：选择工具后，左键点击两个点作为纱向的开始点和终点，然后左键点击基准线即可。

18. 等距圆扣：以图7－98所示为例选择工具后，输入离中心线一端点的数据（如4cm），回车后左键点击中心线的上端，操作后结果如图7－99所示，然后输入中心线另一端点的数据（如12.5cm），回车后左键点击中心线的下端，接着点击右键；再输入纽扣的直径，回车；选择纽扣的类型（圆扣＝1；雄扣＝2；雌扣＝3），输入1回车；输入纽扣的个数（如5），回车后结果如图7－100所示。

19. 等距扣眼：操作上与等距圆扣工具类似（右键操作与前面步骤一样），但在选择项上会有不同。点击右键后，输入扣的直径，回车；左键点击任意点；选择扣眼的方向（横＝1；纵＝2），回车；输入扣眼的余量（扣的厚度），回车；输入扣眼的个数，回车即可。

20. 对刀：以图7－100所示为例，选择工具后，点击左键要做对刀的要素（袖窿弧线的上端），然后点击右键，再点击出头的方向（任意点），会弹出“对刀处理”对话框，如图7－

102 所示，选择 U 形口，具体数据如图，确定后结果如图 7－101 所示。

21. 虚线 |→|：选择工具后，左键点击变更的要素，点击右键执行命令，即可将要素的线型变更成虚线。

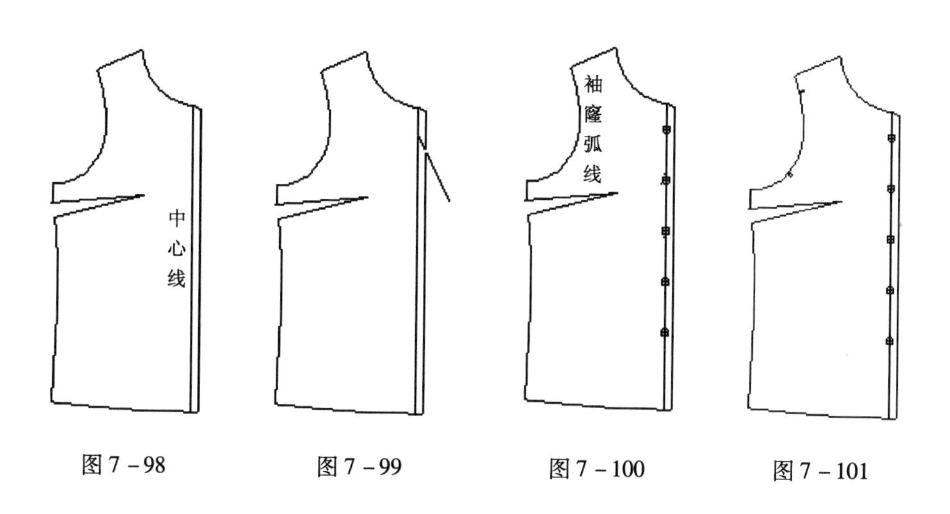

图 7－98　　图 7－99　　图 7－100　　图 7－101

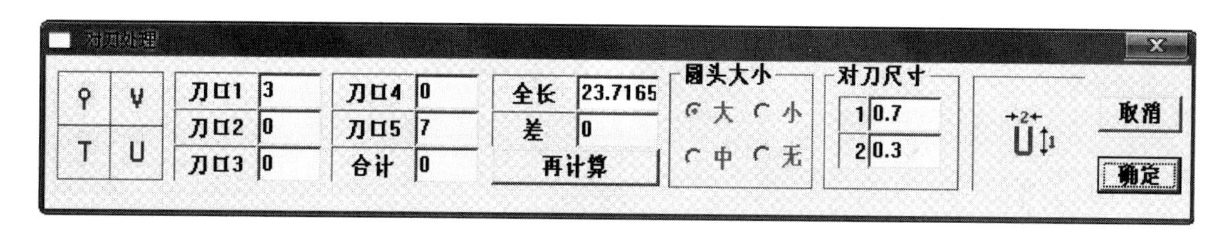

图 7－102

22. 领域缝边：以图 7－103 所示为例，选择工具后，框选图中所有要素（一个闭合回路），然后左键点击下摆线上端，输入宽度（2cm），回车后下摆放好缝份；然后左键点击肩缝线下端，输入宽度（1cm），回车后侧缝、袖窿、肩线就放好缝份；然后左键点击领口线下端，输入宽度（0. 8cm），回车后领口线就放好缝份；然后左键点击前中止口线左端，输入宽度（1cm），回车后放缝完成，结果如图 7－104 所示；接着左键修改角的基准线，会弹出对话框，选取缝边角类型后按确定即可，结果如图 7－105 所示。

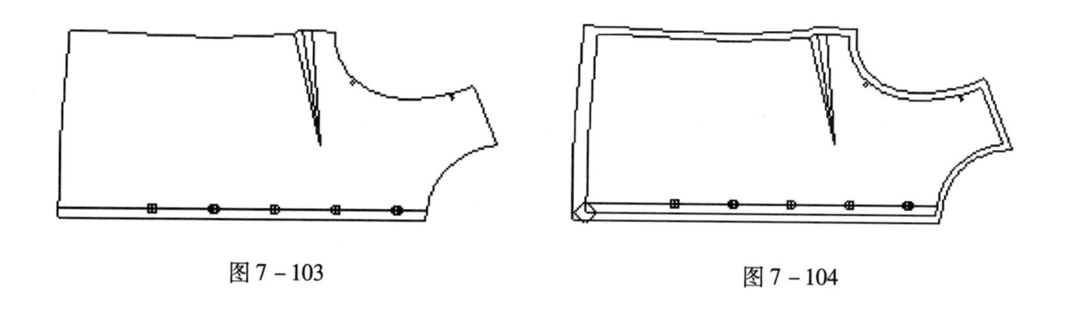

图 7－103　　图 7－104

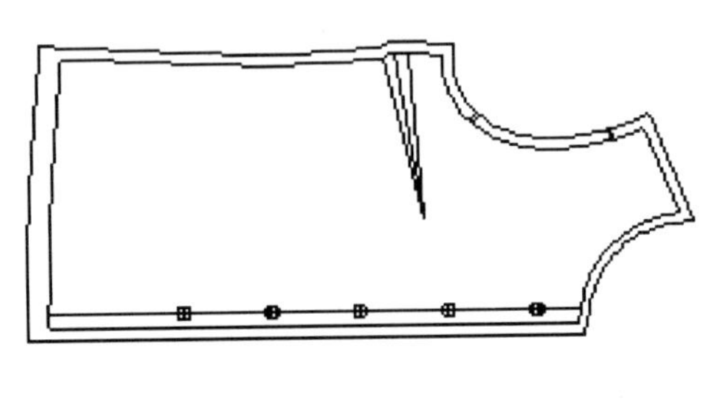

图7-105

23. 角变更 :选择工具后,画面弹出“缝边角类型”对话框,选好类型后按确定,然后左键点击要进行角变更的基准线即可。

上机实习

1. 根据本章的工具讲解,在学习版的软件上反复进行工具操作练习。
2. 按照前几章所给的结构制图数据进行CAD软件制图练习。

第八章　服装 CAD 输入输出

本章要点

学习和掌握服装 CAD 系统所应用到的相关输入输出设备、服装 CAD 软件对这些设备的设置以及相应工具的功能和操作方法。

本章难点

服装 CAD 软件对输入输出设备的设置,软件中相应工具的功能和操作方法。

学习方法

用户可先依据本章节的项目文字描述进行学习和操作练习,如仍有不理解之处可以借助浙江省精品课程《服装 CAD》网站(http://jp. wzvtc. cn/wzcad)中的网络课堂下的教学视频进行学习。

第一节　服装 CAD 输入设备

服装 CAD 的主要外部输入设备是数字化仪,如图 8 - 1 所示,本节对数字化仪应用所进行操作步骤以智尊宝纺 CAD 软件为例讲解。

按照硬件要求将数字化仪与计算机连接好后,打开数字化仪,等响声结束后按下 A 键。然后打开智尊宝纺 CAD 打板软件,新建一个文档后进入制板界面,接着点击数字化仪工具(保存工具的后面),系统会弹出"号型设置"对话框,用户可以根据需要修改和输入尺寸表并按确定。确定后系统会弹出数字化仪设置的"选项卡"对话框,如图 8 - 2 所示。用户

图 8 - 1

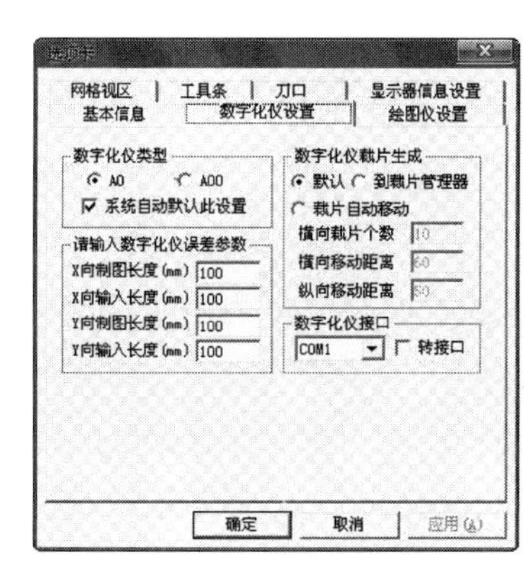

图 8 - 2

依据硬件特征进行数字化仪类型及其他信息的选取和修改，通常这一步骤需要硬件商的技术人员在场设置，设置好后点击“确定”即进入数字化仪输入状态。打板软件的绘图区会弹出“数字仪”对话框，如图 8－3 所示。将鼠标移到“数字仪”工具上，左键点击 “数字仪”工具上的数字或字母，可弹出与之相对应的功能说明菜单，如图 8－4 所示。

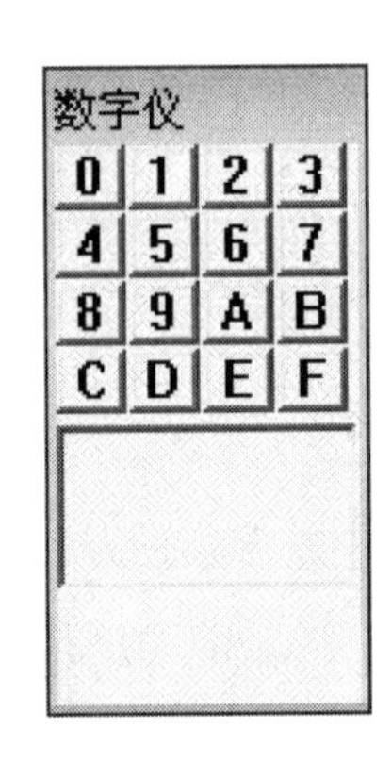

图 8－3

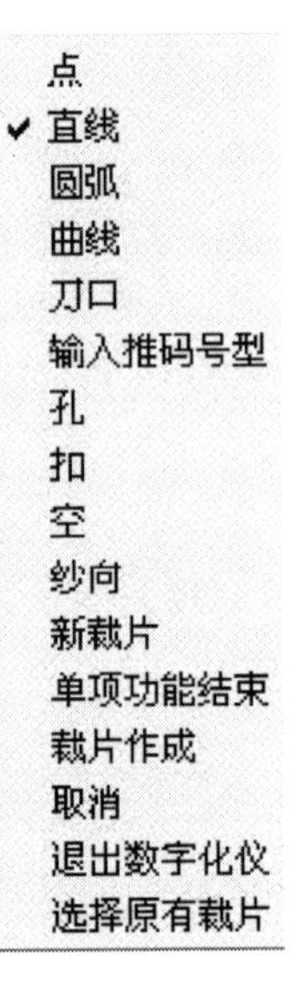

图 8－4

数字化仪操作：

点击数字化仪输入图标，确定号型设置并在数字化仪发出响声结束后，用户即可通过操纵数字化仪的专用游标，如图 8－5 所示，开始读图。

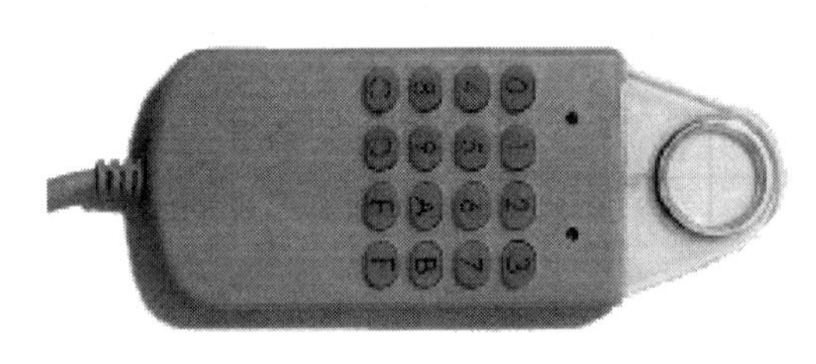

图 8－5

通常先读衣片的外轮廓线，用户拿起游标工具，并将游标的读图中心点对准外轮廓线端点，然后按游标上的 1 键，再移动到另一个线条端点，并再次按游标上的 1 键，即可完成一条直线的输入。

如果输入的是曲线，将游标的读图中心点对准曲线上的端点，然后按游标上的 1 键，然后移动游标并对准曲线上的任意点，这时要按游标上的 3 键，再移动到曲线上的另一个点并按游标上的 3 键，曲线点的密度和打板时曲线点密度相同，不用太多，但也不能太少。

当读至距起始端 1cm 左右时按游标上的 C 键，这时衣片的外轮廓会自动闭合，并弹出“输入样片信息”对话框。这时可以先不输入，等样片读好后一起进行样片信息的修改，如此可以提高输入样片的速度，用户可按 B 键（B 代表一个单项结束），先结束衣片外轮廓，然后进行该样片其他信息的输入操作。

纱向线的读取：游标中心点指向纱向的一端，然后按游标上的 9 键，再移动游标中心点到纱向的另一端并按游标上的9键即可，再按B键结束纱向输入。

刀口输入：将游标中心点指向打刀口的位置，然后点击游标上的4键，刀口是一个一个地输入，如果只有一个刀口只要再按完4之后再按B键即可结束；如果有多个刀口，则按完第一个（刀口）4之后，将游标中心点移向另一个刀口的位置，再按4，以此类推，最后再按B键结束刀口输入操作。

接下来输入内线，内线是一条一条地读，端点（包括曲线的端点）为1，曲线为3，每读完一条线就要按B键，结束一个单项输入。

衣片上假如有定位的点，就用游标指向点的中心按0，一个点为0、B，二个点为00、B。

全部读好后这个衣片就完成了，按游标上的A键，读下一个衣片（不按A键下一片衣片会和前一个混为一体）。

第二节　服装CAD输出设备

服装CAD的主要输出设备有打印机、切割机（有如图8－6所示的平面型和如图8－7所示的立体式两类）和绘图仪（有笔式的和喷绘的）。输出设备的应用操作均以智尊宝纺CAD软件为例讲解。

图8－6

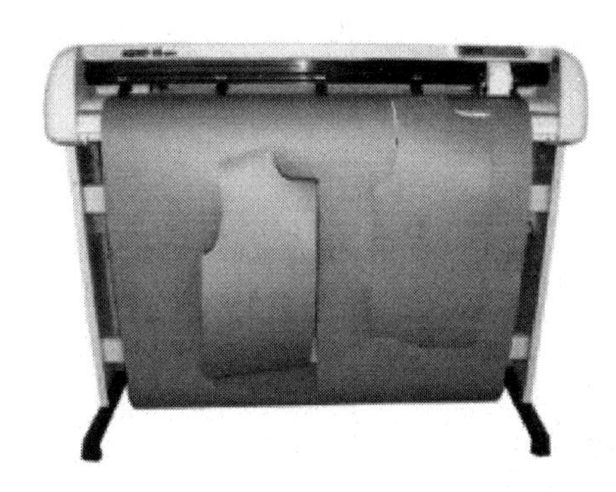

图8－7

打开智尊宝纺CAD打板软件，打开一个文档后，点击打印工具，系统会弹出“打印预设”对话框。然后根据需要选择打印比例或勾选“打印到一张纸”，确定后可以看到打印的预览，再点击“打印”就进入打印对话框选择，确定后开始打印。打开智尊宝纺CAD排料软件，打开一个文档后，点击打印工具，系统会弹出“打印预设”对话框。然后根据需要选择打印选项，确定后可以看到打印预览，再点击打印就进入打印对话框选择，确定后开始打印。

绘图仪输出设置：按照硬件要求将打印机、切割机、绘图仪与计算机连接好。打开智尊宝纺CAD打板软件，新建一个文档后进入制板界面。点击“视区”菜单下“系统设置”选项下的“选项”（快捷键为Ctrl＋J），系统会弹出“选项卡”对话框，然后选择“绘图仪设置”，如图8－8所示，用户依据硬件特征进行绘图仪型号（选择普通切割机），端口选择LPT1，通常这一步骤需要硬件商的技术人员在场设置，设置好后点击“确定”即可。

在智尊宝纺CAD打板软件里点击打印到绘图仪工具，会弹出“打印到绘图仪”对话框，如图8－9所示。用户通过设置纸张的宽度、长度和起始端，然后对切割参数进行选择，确定后绘图仪或切割机开始运作。

图8－8

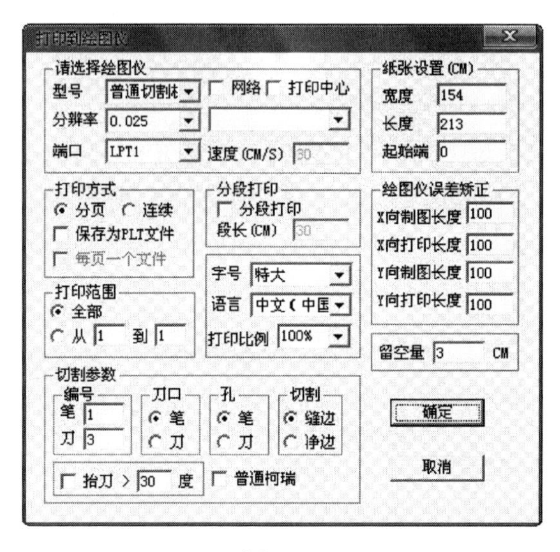

图8－9

在智尊宝纺CAD排料软件里点击打印到绘图仪工具，会弹出“打印到绘图仪”对话框，如图8－10所示。用户通过设置纸张的宽度、长度和起始端，然后对切割参数进行选择，确定后绘图仪或切割机开始运作。

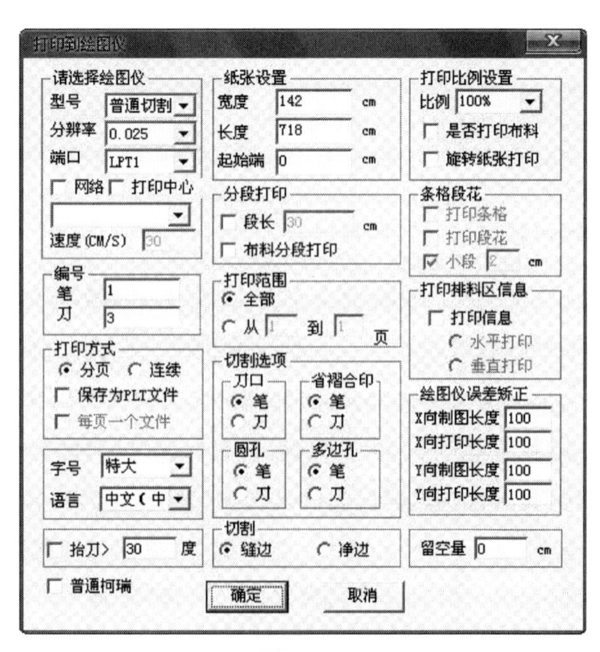

图8－10